大都會文化
METROPOLITAN CULTURE

大都會文化
METROPOLITAN CULTURE

不可不知的
職場叢林法則

目錄

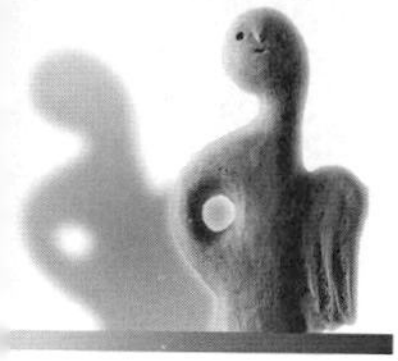

前言・不可不知的職場叢林法則

這是一個到處充滿競爭，而且競爭非常激烈的社會。這本是一件無可厚非的好事情，但是，所有的事情，都不可能按照完全理想的狀態發展，總會因為一些人，讓自己安全渡過危險期把原本的好事，變得走味了。

競爭也是如此，競爭產生了優勝劣敗，對於個人的進步社會的發展，都具有不可估量的作用。既然是競爭，就會有人輸、有人贏，誰都希望自己能贏得比賽的勝利，把對方擊敗，但是當自己的實力遠遠不如對方，又想贏得這場比賽的時候，就會出現不正當的競爭手段。

誰都知道這個最簡單的道理：擊敗對方最穩妥的方法就是讓對方退出比賽。

競爭也是一樣，當你和別人一同競爭的時候，有些人為了讓自己能夠贏得最終的勝利，往往會採取各種手段，把你踩下去。

可能我們從小到大，都會碰到過被別人「整」的經歷，我想只要是有過

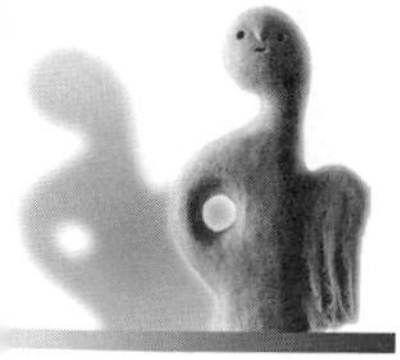

這樣的經驗，一旦提起，都會覺得委屈、一肚子火。如果是正當競爭，自己輸了，也能夠心平氣和地接受，明明自己可以得勝，卻因為對手不光彩的手段，把自己從有利位置上「整」了下來，怎麼能輕易地嚥下這口氣。

如果想要防止被別人「整」，那你就必須學會保護自己。我不是教大家圓滑世故，而是希望大家不要被其他的小人陷害，中了他們的奸計。

首先，你要學會讓自己更為有利。千萬不要理解成為像小人一樣把別人的功勞據為己有，而是要學會好好地表現自己，把本來屬於自己的功勞牢牢地抓在自己的手裡。別覺得這是一個很容易解決的問題，有多少人因為各種原因，最後把自己的功勞拱手送給別人，或者被他人強行奪走了，千萬不能馬虎大意。

其次，就是要學會讓自己安全渡過危險期。誰都會犯錯，這一點是毋庸置疑的，但是有些人往往會揪住你的錯誤不放，即便是小小的過失，也會被他們渲染成滔天大禍，所以為了要更好好保護自己，讓自己能夠繼續具備競爭的資格，就需要你適時地「諉過」。

社會上的競爭，因為激烈，因為人的素質，因為遊戲規則，所以難免在某些地方會變質。你空自嗟歎是毫無用處的，最關鍵的是你要能適應，然後在競爭中得到最終的勝利。

誰都有可能被別人「整」，但是不一定誰都會把你「整」下去。

第一章・該低頭時就低頭

被整、被踩的經歷，恐怕誰都會遇上，千萬不要被這些事情搞得心力交瘁，只要你奮發圖強，早晚有一天能夠東山再起。

最後的勝利才是勝利

甲乙兩球隊比賽籃球，由於實力相當，因此打來格外精彩。甲隊在上半場表現頗佳，始終保持領先，但到了下半場便出現疲態，被乙隊趕上，拉成平手，然後你來我往，互有領先，甲隊在終場前還一度領先，但最後卻輸了。

很多比賽是這樣子的，先贏後輸。先贏後輸，那麼先前的贏便變得毫無價值。當然也會有人肯定他們的球技，或是用「球運」來予以安慰，但輸了就是輸了，好心的肯定與安慰不僅無濟於事，而且是多餘的！

球場等同於社會裡的生存競爭，唯有最後的勝利才是真正的勝利。例如有人做生意，先是大賺，後是大賠，終於宣告倒閉；有人一輩子得意，卻在老年落魄……，這都是「先贏後輸」的典型。他們並沒有爭取到最後的勝利，雖然他們曾經輝煌過。因此，爭取「最後的勝利」應作為每個人在社會裡的戰略目標。而為了達到這個目標，你應該：

1.**不要太看重一時的勝利**。如果能取勝，當然不必放棄，因為「勝利」可以加強信心及士氣。只是如果這個勝利意義不大，跟取得「最後的勝利」沒有太大的關係，而且又多花力氣，那麼可以放棄這種「勝利」。

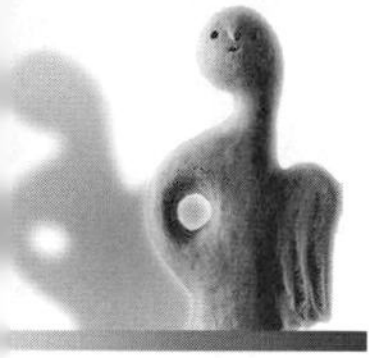

2.**不必逞強去爭取勝利**。逞強當然也有勝利的可能，但不管這個「勝利」的意義為何，如果失敗，傷了元氣，不要說「最後的勝利」，有時會連「東山再起」的力氣都沒有。所以，實力不足時要避免硬仗，因為一場硬仗有可能讓你毀滅。你必須保存實力，等待最有利的一擊。

3.**清楚戰爭的空間和時間**。也就是說，你要清楚地知道，這一場仗我要打多久，戰場有多大，想要得到什麼樣的戰果。這是一場有計劃的戰爭，也是「有限戰爭」、「局部戰爭」。只要獲得這場戰爭的勝利，就是這場戰爭的「最後勝利」。如果沒弄清楚，胡亂擴大戰場，拉長作戰時間，以為可以擴張戰果，那麼就有可能反勝為敗。

4.**要保住戰果**。人的通病是打了勝仗之後便自以為是，很容易在外界的引誘及野心的膨脹之下，以既有的戰果再度投入戰場。當然，不是沒有可能又打了勝仗，但要再投入之前，就必須好好衡量計算，因為一旦失敗，那麼先前的戰果都毫無意義。人一生的「最後勝利」是由許多階段性的「最後勝利」組成的，失敗半生，到老了才去爭取「最後的勝利」，說老實話，不大可能，因為沒力氣了。所以，對保住戰果這件事，你要好好思量，畢竟沒有戰果的勝利根本不算是勝利。

被整、被踩的經歷，恐怕誰都會遇上，只要你奮發圖強，早晚有一天能夠東山再起。

嚴以待人埋禍根

如果你有了「最後的勝利才是真正的勝利」的認知，那麼你在這個社會裡所遭遇的一切，包括屈辱、壓迫，也就能視若平常，甘之如飴了。

余小姐的第一個工作是出版社的助理編輯，她的文筆不錯，學習意願高，因此才進出版社三個月，與出版有關的事已摸得一清二楚。

有一次，老闆召集大家開會，輪到余小姐報告時，她提出印刷品質不好及成本太高的問題，又說如果能降低百分之五的成本的話，每個月就能省下個二三十萬，說到激動處，還說那家印刷廠「吃人不吐骨頭」。

老闆對她的報告沒有發表任何意見，但從這一天開始，余小姐開始感受到負責印務的同事對她的不友善。第四個月，余小姐離開了這家出版社。

年輕人最容易犯余小姐的錯誤，因為年輕人純真、熱情、有正義感，尤其對第一個工作，更是力求表現。那麼，余小姐到底犯了什麼錯誤？請看以下的解析：按照故事中所提供的資料，余小姐應該只是協助編輯業務，每本書的發印工作則另有其人。負責編輯的人理應有權對書的印刷品質表示意見，因為品質不佳，影響銷路，編輯部門也難逃被檢討的命運。但余小姐只是一名新進的助理編輯，年紀輕、職位低、資歷淺，在公開的會議上檢討、批評

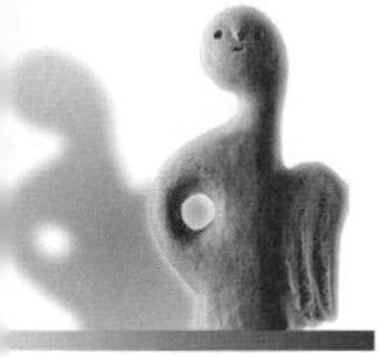

別的部門所負責的工作，本就要冒一些風險。

任何人都不喜歡被批評檢討，尤其是在公眾場合。因為一來有傷自尊，二來任何批評檢討都會引起旁人的聯想與斷章取義的誤解，總之，是帶有傷害性的一件事。余小姐的批評，狠狠地踢了印務部門一腳，印務部門的同仁不「記在心裡」才怪！

眾所周知，任何公司都會有「油水部門」，以出版社來說，印務部門就是「油水部門」。不管承辦此項業務的人有沒有拿到油水，被批評「品質不好、成本太高」，就等於被人指桑罵槐，暗示「放水、拿回扣」，此事攸關面子及操守，承辦人員的心情也就可想而知了。有些老闆會對余小姐這種做法抱著沉默態度，不處理，也不勸誡當事人「少開口」，目的在利用雙方的矛盾，讓他們相互「制衡」，並從中獲取情報及員工的隱私。余小姐未明此點，而老闆也沒有因為她的忠誠而刻意保護她。她，被犧牲了。

事實上，余小姐的正直與勇氣相當值得佩服及肯定，但這種人卻常常成為人際鬥爭下的犧牲品，不是自己辭職，就是被孤立。說起來很悲哀，但人的世界就是這樣，所以正直的人常有「天地之大，無容我之處」的慨歎。因此，老成世故的人總是非常小心，不輕易在言語上得罪人，尤其是「無心之言」！因為「有心之言」是「謀定而後動」，為什麼說、如何說以及對方會有什麼反應，自己都很清楚；「無心之言」則完全相反，因此常得罪了人自己還不知道。

面對余小姐所處的環境，比較好的處理辦法是：

先和同事們建立良好的人際關係，如此可減低失言時對自己的衝擊。發現不合理的事，與其在會議上提出來，不如私底下告知同事，但僅能點到為止，不宜深入追究。而且也應儘量避免和不相干的同事討論，以免走漏「風聲」，讓人誤會你另有企圖。當然，你執意要說也無不可，但要有心理準備。

善待別人

既然因果報應既不神秘也不迷信，人們在社會生活中就應該多做有益於他人和社會的事，杜絕做對社會和他人有害的事情，這既是一個必然的結果，也是人們事業成功，生活快樂的必然要求。俗話說要想人愛己，必須己愛人。我為人人，人人為我。一個人應該樂善好施、助人為樂、有成人之美的想法，這在某種意義上有點像金錢的儲蓄，一個人平時養成儲蓄的習慣，遇到不測的時候不至於手忙腳亂，儲蓄越多，他的未來就越有保障，越可能幸福。同樣的道理，人們也只有在平時努力做對他人和社會有益之事，才能使生活的道路越走越寬，事業越做越大，彷彿預定了錦繡前程似的。

那麼，應該怎麼做呢？

1.要善於播撒仁愛的種子：吉田忠雄是日本吉田工業公司的總裁，他所經營的公司，在日本拉鏈製造中規模最大。據說他們生產的拉鏈的總長度，足夠在地球到月球之間往返兩次半，難怪乎吉田忠雄被人稱為「拉鏈大王」。

吉田忠雄有自己一套獨特的經營方略，簡而言之，就是遵循「善的輪迴」。他說：「如果我們散佈仁慈的種子，給予別人仁慈，仁慈就會返還給我們，在我們和別人之間不停地輪迴運轉。」他認為，企業賺錢多多益善，但是利潤不可由老闆獨吞。為此，吉田公司將利潤分成三部分，推行「利潤三分法」，也就是品質較好的產品以低廉的價格，三分之一的利潤給消費者，三分之一的利潤給銷售公司產品的經銷商及代理商，最後的三分之一利潤才是給自己企業的職工和股東。

根據這個經營原則，吉田忠雄請員工在本公司的儲蓄帳戶上存款，公司則每月按高於日本銀行的定期存款利率，支付給存款職工利息。在公司每年支付的紅利中，吉田忠雄本人占百分之十六，其家族佔有百分之二十四，其餘均由公司的職員分享。不僅如此，公司還規定凡到本公司工作滿五年的職員，都可購買本公司的股票，並獲取每年百分之十八的股息。

《詩經‧大雅》有曰：「投我以桃，報之以李」，說的是一方有所贈與，另一方有所報答。企業只有開誠佈公，提供優惠福利，重視公共關係、人際關係，創造「人和」的條件，才能搏得各方的褒獎名譽，提高企業的自身形象，最終獲取長期穩定的鉅額利潤。那種「竭澤而漁」的經營方法，只會毀了企業的發展前程。

2.要從小事入手，打動客戶的心：曾是臺灣第一首富的王永慶，人稱「塑膠大王」，管理著一個龐大的塑膠集團，但他的這些財產並非來祖傳。

王永慶的家原在臺北新店的一個小村裡，世代務農，以種茶為生。家中除了幾間茅屋外，幾乎一無所有，所以王永慶小學沒畢業就開始謀生了。他隻身一人，離鄉背井，到臺灣南部的一家米店當小工。他人雖小，卻很有頭腦，除了完成老闆交給他的送米工作外，他經

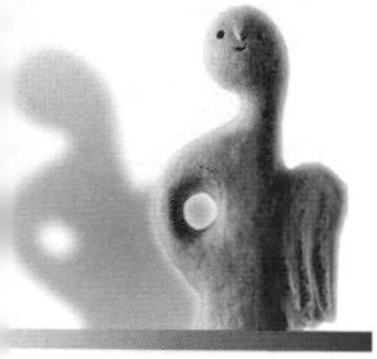

常自己找些活做待在老闆身邊，悄悄觀察老闆如何經營米店，學習做生意的本領。第二年，也就是十六歲的時候，王永慶請父親幫他借了二百元，自己在嘉義開了家小米店。就是以這個小米店為基礎王永慶開始了艱苦的創業。

他自己回憶道：我開始做米店生意是在昭和八年，當時，臺灣在日本統治把持之下，經濟非常不景氣。米一斗十二斤，賣五毛一分錢本錢是五毛，利潤非常薄，只有一分錢而已。一般米店裡的米，裡頭難免夾雜些許的石子、米糠，我就特別注意，一定要撿乾淨。當碰到顧客上門來買米時，我就向他提出一個要求說：「您要買的米，我送到您家裡好不好？」顧客當然說：「好啊！」等我把米送到顧客家，放入缸裡，一定要把顧客缸裡的剩米拿出來，把新米倒下去之後，再將陳米放在上面以避免陳米變質，造成客戶的損失。在這時，我還會掏出一本小筆記本，記下這家人的米缸容量。接著我就問主人，您能不能告訴我一些簡單的資料，您家裡有幾個大人？幾個小孩？每一頓飯大人吃幾碗？小孩吃幾碗？一天的用米量大概是多少？於是我就依這些資料計算出這家客戶的用米量，而這次送來的米大概可以用多少天，然後在客戶吃完米的前兩三天，我就主動把米送到客戶家裡。

王永慶靠著對每一個用戶的一片真心，滿腔熱情，從別人想不到的小事下手，打動客戶的心。這種充滿人情味的經營作風，一傳十，十傳百，有口皆碑。於是他的生意便一天天興旺起來，終於成為名聞全臺灣的大企業家。

3.雪中送炭，令人記憶終生：人的一生不可能一帆風順，難免會有面臨困境的時候，這時候最需要的就是別人的幫助，這種雪中送炭般的幫助會讓原來無助的人記憶一生。

德皇威廉一世在第一次世界大戰結束時，可算是全世界最可憐的一個人。他的臣民都反對他，許多人對他恨之入骨，只好逃到荷蘭去保命。可是在這時候，有個小男孩寫了一封簡短但流露真情的信，表達他對德皇的敬仰。這個小男孩在信中說，不管別人怎麼想，他永遠尊敬他為皇帝。德皇深深地為這封信所感動，於是邀請他到皇宮來。這位小男孩接受了邀請，由他母親帶著一同前往，他的母親後來嫁給了德皇。

「我不知道他那時候那麼痛苦，即使知道了，我也幫不上忙啊！」許多人遺憾地說。這種人與其說他不知道別人的痛苦，不如說他根本無意知道。人們總是可以敏感地覺察到自己的苦處，卻對別人的痛處缺乏瞭解。他們不瞭解別人的需要，更不會花功夫去瞭解；有的甚至知道了也假裝不知道，大概是沒有切身之苦，切膚之痛吧。雖然很少有人能達到「人飢己飢，人溺己溺」的境界，但我們至少可以隨時體察一下別人的需要，時刻關心朋友，幫助他們擺脫困境。當朋友身患重病時，應該多去探望，多談談朋友關心感興趣的話題；當朋友

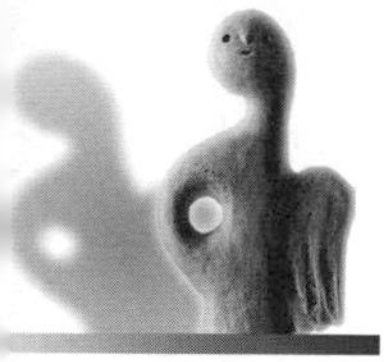

遭到挫折而感到沮喪時，應該給予鼓勵，「這次失敗了沒關係，下次再來。」當朋友愁眉苦臉、鬱鬱寡歡時，應該多加親切地詢問他們。這些適時的安慰，會像陽光一樣溫暖受傷者的心田，給他們希望。

小魚在某公司擔任打字工作，一天中午，董事長走進辦公室，向在辦公室的小姐們問道：「上午拜託你們打的那個檔案在哪裡？」可是當時正值吃午飯時間，誰也不知道那個檔案擱在哪裡，因此誰也沒有理睬他。這時，小魚對他說：「這個檔案的事我雖然不知道，但是，譚先生，這件事交給我去辦吧，我會儘早送到您辦公室的。」當小魚把打好的檔案送給董事長時，他非常高興。幾週之後，小魚高興地向她的同事宣佈：她升遷了。顯然，小魚的熱心和辦事俐落獲得了董事長的讚賞。

有時候不用很費心地幫別人一把，人家也會牢記在心，投之木瓜，報你以桃李。此外，幫助他人還要堅持不懈不要一時興起，才這也幫那也幫，不高興的時候就誰都不幫。在現代社會，在金錢的衝擊下，很多人一舉一動都在考慮著自己的利益，別說幫助別人，更別說堅持不懈地幫助別人。無私地始終如一地幫助他人，一直是受社會的尊敬。

「婦人之仁」要不得

有一則這樣的寓言：

一匹狼跑到牧羊人的農場，想撲殺一隻小羊來吃。牧羊人的獵犬追了過來，這隻獵犬非常高大兇猛，狼見打不過也跑不掉，便趴在地上流著眼淚哀求，發誓牠再也不會來打這些羊的主意。獵犬聽了牠的話語，看了牠的眼淚，非常感動與不忍，便放了這匹狼。想不到這匹狼在獵犬回轉身的時候，縱身咬住了獵犬的脖子！幸虧主人及時趕來，才救了獵犬一命，但獵犬也流了很多血，牠傷心地說：「我不應該因狼的謊話而感動的！」

婦人的特色之一是心特別柔軟，她們容易感動，意志容易受到情緒的影響而動搖。這種特色在有孩子的婦女身上尤其明顯，因為她們全身的血液流著一種母性的愛，當孩子犯錯流著眼淚時，婦女都會抱著他，原諒他。這種愛有時顯得很沒原則，很不理性，甚至沒有是非！古人便將有這種特性的愛稱之為「婦人之仁」！「婦人之仁」有時可以發揮很大的感化力量，但在這個社會，「婦人之仁」有時反而會成一個人生存時的負擔，甚至是致命傷！就像前面那則寓言所描述的，獵犬就是因為「婦人之仁」而差點丟了小命！

當一個人有婦人之仁時，容易產生下列危險：「婦人之仁」因為容易動搖意志與理性，因此常在放棄自己立場之後，傷害了自己。例如不懷好意的借貸者，你在他的哀求之後借給

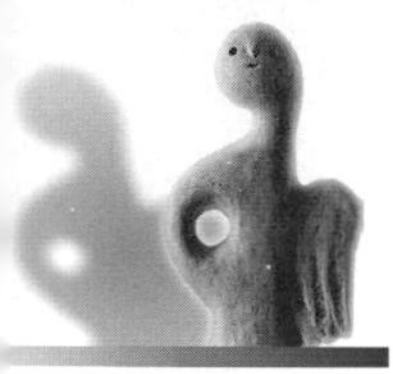

他錢，結果卻一毛錢也要不回來！

一個人的惡行因為你的「婦人之仁」而獲得了寬容，但有時你的「婦人之仁」不但沒有感動他，反而讓他有另外的機會再次犯下惡行，對別人造成傷害。你的「婦人之仁」會成為你的弱點，成為人人想利用的目標。在眼淚、溫情、請求、孩子似的無辜與可憐之下，你將成為最大的受害者！

你的「婦人之仁」會弄得你對周圍的人和事的是非不分，你的「仁」反而成為人際上、前途上的負擔。因此，「婦人之仁」並不是一件好事。可是，天生有柔軟之心的人怎麼辦？難道註定在這個社會裡做個被剝削、被凌辱者嗎？這種人應該要訓練自己的思考與判斷，用理性與智慧來指引你的行為，而不要讓感情牽動你的思考。這需要時間，也需要面對「揮劍斬情絲」的痛苦，但總是要經過這種試煉，才能成長、果斷！

「婦人之仁」的風險和代價很高，但如果不能去除這種感情特質的話，那麼也只有遠離衝突點了！

沒有什麼仇可報的

俗語說：「有仇不報非君子。」我則說：「有仇不報是君子！」

有一部電影描述這樣的故事：美國西部拓荒時期，一位牧場的主人因為全家大小被土匪槍殺，因而變賣牧場，天涯尋仇。家被毀了，這種仇恨任誰都想報復的，可是當這牧場主人花了十幾年的時間找到兇手時，才發現那位兇手已老病纏身，躺在床上毫無抵抗能力，要求牧場主人給他致命的一槍。牧場主人把槍舉起，又頹然放下。結果是，牧場主人沮喪地走出破爛的小木屋，在夕陽照著的大草原中沉思，他喃喃自語：「我放棄一切，虛度十幾寒暑，如今我也老了，報仇——到底有什麼意義呢……？」

電影是人編的，但編劇根據的也是現實生活，因此雖然是電影，但一樣可以提供人們深刻的反省，而這反省也就是我強調「有仇不報是君子」的道理。

首先來看看一個人因「報仇」所需的投資——

1.**精神的投資**。每天計畫「報仇」這件事，要花費很多精神。想到咬牙切齒處，情緒的劇烈波動，更有可能影響到身體的健康。

2.**財力的投資**。有人為了報仇而投下一輩子的事業，大有「玉石俱焚」的味道，就算不投

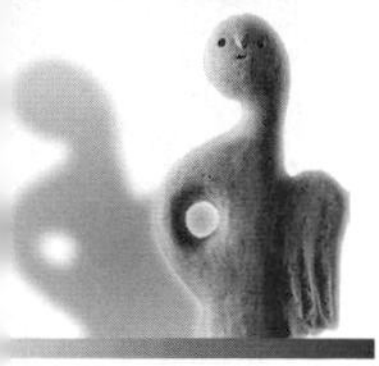

下一輩子的事業，也要花費不少的財力來做部署的工作。

3.時間的投資。有些仇不是說報就能報；三年五年，八年十年，甚至二十年四十年都有可能報不成。就算報成了吧，自己也年華老去了。

由於「報仇」此事投資頗大，而且還不一定報得成，而不管報得成或報不成，只要對「報仇」這件事你不只心動而且行動，你就會元氣大傷！因此作者主張「有仇不報是君子」！

筆者所謂的「君子」是指成熟的人、有智慧的人！一個成熟的人、有智慧的人知道輕重，知道什麼東西對他有意義、有價值。「報仇」這件事雖然可消「心頭之恨」，但心頭之恨消了，也有可能失去了自己，所以「君子」有仇不報！

仇恨是可以不報，但是不可以忘記，因為「仇恨」會帶給你奮發的力量，刺激你成長，讓你可以用「成就」來「報仇」！而且一旦你力量比「仇人」大了，你的仇人自然不是逃之夭夭就是前來請罪，因為你的「不報」成為他心頭最大的陰影。他怕你哪一天真的下手「報仇」！所以「不報」才是君子最好的「報仇」！

寬以待人也能避？

寬以待人就是對人要寬宏大量、心胸寬廣。在與同事的交往過程中，是不是有肚量直接影響你與同事之間的關係能否協調發展。茫茫人海，什麼人都有，心中理想的同事的確難以尋覓，日常交往中，拉拉雜雜的煩心事時有發生。很可能一些難相處的同事對你耿耿於懷、寸步不讓，忽而滿天烏雲，忽而傾盆暴雨、電閃雷鳴，令人防不勝防。

人生需要寬容和大度。寬恕、容忍可使你保持心靈上的平靜，大度可使你贏得寶貴的時間。不是去恨、去敵視、去攻擊，而是以柔克剛。付之一笑的態度能使傷害你的同事無地自容，激起他內心真正的震撼，同時又終止了你攻我回的惡性循環。更為重要之處在於，難相處的同事便會因此而欽佩你的人品，投予你讚賞的目光，回報給你更多的好感與友愛。寬以待人、自然坦誠，會讓你最大限度地表現自己的才能與潛力。只有投入全部的身心，體察對方微妙的內心變化，竭盡全力去體貼、關懷他人，讓難相處的同事始終感到有一股溫情在胸中流淌，你才有可能被對方視為知己。

運用這一原則，這就要求你必須是一個有涵養的人，要有寬廣的心胸，善於求同存異，虛心聽取不同的意見和建議。不要總是對一些雞毛蒜皮的小事斤斤計較，更不要對一些陳年舊帳念念不忘。要以寬容對待狹隘，以禮貌謙恭對待冷嘲熱諷，不要將心思牽於一事一物，

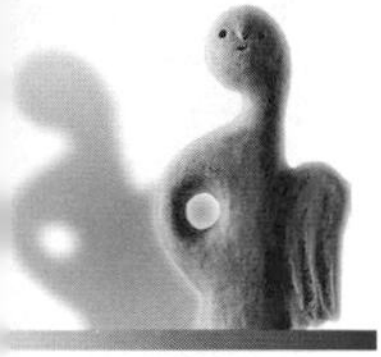

不要將一些哀怨氣惱掛在心頭，對有不同脾氣、不同嗜好、不同缺點難相處的同事，你要去研究他們、瞭解他們，這樣才能體現你的雅量與氣度。

以上的要求是你要做到的，哪怕難相處的同事看不起你、不尊重你，並且還和你鬧彆扭，甚至你不小心吃過他們的虧、上過他們的當，你仍要把握好自己的心態，去體諒他們。也許你會說：我也曾努力試圖這樣做，但我就是做不到。的確，你可以找理由、找藉口，可以認為這對你來說太苛刻了一點。但是如果你想一想，當你有一天走進一家百貨公司購買商品或者到一家理髮店接受服務，如果服務員對你的態度溫暖如沐春風，你自然是心情舒暢，十分滿意。但如果對方是一副鐵板般冷冰冰的面孔，話語寒心，對你的合理要求不理不睬，進而聲色俱厲，你又會如何想呢？你當然會生氣，這簡直沒法避免。但如果你每次遇到這類情況，就和對方過不去而吵一場，最後以悻悻然離去收場，難道你不該問問自己，這樣兩敗俱傷，又何必呢？

事情就是這樣，你無法迴避，也沒法不面對。作為同事更只有敞開胸懷，去體諒他，包括那些與自己有過舊怨、矛盾，甚至經常對你品頭論足、抱怨不休的難相處同事，如此才能群策群力、集思廣益，使自己在部門的事業和自己的工作順利發展。

世上的事情，的確有醜陋、罪惡的一面，如果把這一切看得虛一些、輕一些、淡一些，把世間萬物看得明朗美麗一些，未嘗不是一件好事。正所謂「冤家易解不易結」，心胸開闊如海洋，涵養深廣如湖水，試著與難相處的同事從容地交往，體諒和理解他們的難處，經常這樣做，你會感到受益無窮。

林則徐有一副對聯說：「海納百川，有容乃大；壁立千仞，無欲則剛。」也就是說，人有大海容納百川那樣的肚量，才能體諒人，辦好事。當一團和氣盈於心中，心中無一絲怨仇嗔怒，臉上笑口常開，你就會感到前途一片光明，什麼事情處理起來都會得心應手、迎刃而解。為了消除與難相處同事之間的對立情緒，你有時需要委屈一下自己，設身處地瞭解對方的心理和觀念，以「君子之心」度「小人之腹」。這對與難相處同事來說，是最大的信任，只要你始終堅持這一原則，你必將贏得他們的尊敬。

那麼，怎樣才算是寬以待人呢？

1.容人之過，諒人之短： 應當知道「人非聖賢，孰能無過」。任何人都有優點和缺點，不能只看到難相處同事有這樣那樣的缺點就大驚小怪，咬住不放。要善於「舉大德，赦小過，無求責備於人」。要嚴以律己、寬以待人，調動一切積極因素，處理好與難相處同

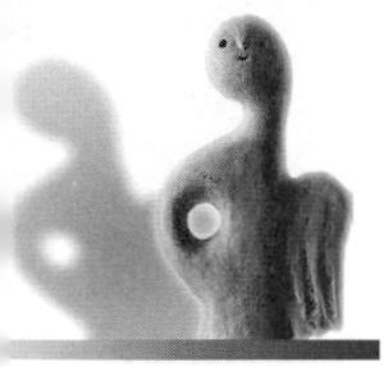

事的關係。

2.大事清楚，小事糊塗：大事，即原則性的事，要清楚、要堅持、不能含糊。小事，即小是小非問題不要太認真、不要斤斤計較。清代畫家鄭板橋講「難得糊塗」，實際上指的是對小問題要馬虎一點好。古人說：「水至清則無魚，人至察則無徒。」如果你對別人過於苛刻，吹毛求疵，那麼你就會變成孤家寡人了。

3.樂於忘記，不計前嫌：有位朋友擁有很多至交，人們問他有什麼秘訣，他說：「我只記著別人對我的好處，忘了別人的壞處，這就是秘訣。」古人也說：「人之有德於我也，不可忘也，吾有德於人也，不可不忘也。」樂於忘記難相處同事傷害過自己的事，不念難相處同事對自己的「舊惡」，對他們的過錯採取既往不咎的態度，過去的事情就讓它過去。要向前看，不要向後看，這樣才能和更多的人一道工作。

低頭的理由

老祖先有一句話：「人在屋簷下，不得不低頭。」老祖先可說洞察世事人情，因此這句話是相當有智慧的，可是筆者認為這句話有加以修正的必要。

我認為，「不得不」充滿了無奈、勉強、不情願，這種「低頭」太痛苦，因此這句話應改為「在人屋簷下，一定要低頭」！把「不得不」改成「一定」並不是在玩文字遊戲，而是有很多考量的。

所謂的「屋簷」，說明白些，就是別人的勢力範圍。換句話說，只要你人在這勢力範圍之中，並且靠這勢力生存，那麼你就在別人的「屋簷」下了。這「屋簷」有的很高，任何人都可抬頭站著，但這種屋簷不多，以人類容易排斥「非我族群」的天性來看，大部分的「屋簷」都是低的！也就是說，進入別人的勢力範圍時，你會受到很多有意無意的排斥和不明就理、不知從何而來的欺壓。這種情形在你的一生當中，至少會發生一次以上，除非你有自己的一片天空，是個強人，不用靠別人來過日子。可是你能保證你一輩子都可以如此自由自在，不用在人的「屋簷」下避避風雨嗎？所以，在人屋簷下的心態就有必要調整了。

筆者的主張是：只要是在別人的屋簷下，就「一定」要低頭，不用別人來提醒，也不要撞到屋簷了才低頭！這是一種對客觀環境的理性認知，沒有絲毫勉強。

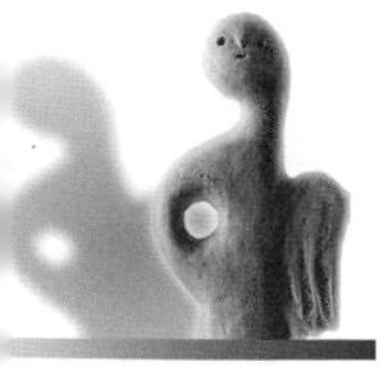

這樣子的好處是：不會因為不情願低頭而碰破了頭；因為你很自然地就低下了頭，而不致成為顯著的目標。不會因為沉不住氣而想把「屋簷」拆了；要知道，不管拆不拆得掉，你總要受傷的。不要因為脖子太酸，忍受不了而離開「屋簷」下。離開不是不可以，但要去哪裡？這是必須考慮的。而且離開後想再回來，並不是很容易。在「屋簷」下待久了，甚至有可能成為屋內的人。

總而言之，「一定要低頭」的目的是為了讓自己與現實環境有和諧的關係，把二者的摩擦降至最低，是為了保存自己的能量，方便走更長遠的路，而為了把不利環境轉化成對你有利的力量！這是處世的一種柔軟，一種權變，更是在社會當中的生存智慧。

「在人屋簷下」是人生必經的過程，它會以很多不同的方式出現，當你看到了「屋簷」，請不要「不得不」，而要告訴自己：「一定要低頭！」

當然，「一定要低頭」，脖子也會酸，但揉一揉也就過去了。

「歹活」

求死或許也是一種解脫是不是真的解脫，其實還有宗教層次的問題需要討論，不過本文只討論現實的問題。孔子不也說「未知生，焉知死」？他也一樣強調「現實」的重要。而對這個問題，古人一句「好死不如歹活」最實際，也是在這個社會裡的最高指導原則。

「好死不如歹活」強調的就是：活著總比死了好，因為不管死得如何痛快，這代表的是一切現實的結束，包括「希望」的結束！可是只要活著，雖然活得很痛苦，很絕望，但總是存在著「希望」！也許這個「希望」在遙遠的未來才可能實現，可是再怎麼說，這還是「希望」啊！而如果一死，就什麼都沒有了。

這麼說，似乎不太能體會想死的人的心情。事實上，「心情」是個人的事，你的心情如何，沒有人在乎，說一句最沒感情的話：你想死，干我屁事啊？你死，說不定還有人高興的咧！

死，代表失敗！這是懦弱的象徵，他不是被對手打敗，而是自己把自己打敗！因此，與其「好死」，不如「歹活」。

所謂「歹活」是指辛苦地活著、委屈地活著、卑微地活著，雖不滿意但可以接受地活著。當一個人有了這樣的態度，其實就不會想死，因為他已把對「活著」的要求降到最低，

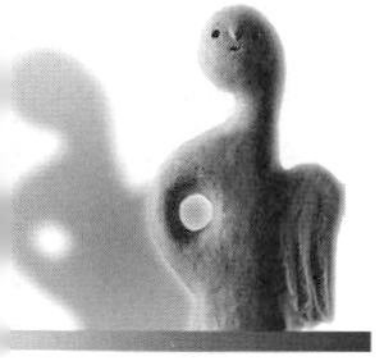

被整、被踩的經歷，恐怕誰都會遇上，只要你奮發圖強，早晚有一天能夠東山再起。

這種心境已與「死」差不多了。當有了「歹活」的態度，一切境遇便會開始好轉——不是境遇真的好轉，而是因為心境先處於「死」的狀態，由死而生，任何事物，都充滿了新鮮的意義與價值；而由於心境歷經了一趟「死亡之旅」，由死而生之後，人生觀也會產生改變，成為一個嶄新的人！

在這個社會裡生存競爭的勝負是沒有規則的，既看過程，也看結果，而有了結果，過程就不重要；人們只會向最後的勝利者獻花，而不會向中途棄權的人致敬。你不必做個打敗別人的勝利者，但要做個戰勝自己的勇者，你唯一依靠的便是「好死不如歹活」的韌性。

只要形體不死，心境絕對有甦醒的一天，身體一死，便什麼都沒有了。

識時務

「識時務者為俊傑」是一句古語，很久以前的老祖先們就已經這麼告訴我們了。這句話是在這個社會裡行走的金玉良言，謹記在心，並且誠懇實踐的人，必可在人性叢林裡履險如夷。

所謂「識時務」是指瞭解客觀環境的變化，給予妥善的應對。由於這個社會裡的情勢複雜多變，而「識時務」在求生存的觀點來看，有兩種用意：

第一種是防患未然，並且捷足先登。也就是說，你必須時時注意環境的變化，並搜集別人的看法，研判未來可能的發展，如此即可避免傷害的產生，並比別人早一步行動，先獲取利益。而事實證明，成功人士都是識時務者，醉生夢死的人很少是成功的。

第二種是通權達變，轉危為安。也就是說，在面臨危機時，你必須評估各種處理方式對你的影響，並採取對你最有利的決定，而「識時務者為俊傑」這句話最常被人使用，也就是在這個時候。為何如此？因為絕大多數人都缺乏防患未然的「識時務」措施，所以才會碰上危機，又因為種種顧忌，而搞得鼻青臉腫，因此「識時務」這三個字才越發顯現出它的價值。能識時務者才能轉危為安，也才是「俊傑」，古人之論，真是務實呀！

不過，最值得一提的不是如何以智慧去化解危機，而是如何體察利害關係，這也就是「通權達變，轉危為安」的「識時務」的精義。而它的最高指導原則便是——只要能解決問題，使自身的利益獲得保全，所有解除危機的辦法都可以考慮！

一般人在面臨危機時除了考慮到本身能力之外，也常考慮到面子、身段。事實上，這二樣東西只有在太平時代才有價值，當生死存亡的關頭到來時，這二樣東西便不值半文，甚至

成為負擔、諷刺了！因為，當自身失去了存在，面子、身段也都將隨風而去，並且為人所淡忘。因此在人性叢林裡的戰士必須要瞭解，結果比過程更重要，為了結果，過程可以委屈一些，這正是處世的柔軟與應付危機的「變」，能「變」就能「通」，能通就能生存！

退的學問

在都會區開車，常會在窄巷和別的車子「狹路相逢」，按照開車人一般有的默契，先進巷子或車先到中間線的有不必後退的「權利」，雖然如此，若對方後退不方便，也有人會主動放棄「免後退」的權利。誰進誰退，全憑開車人的默契和「心甘情願」。不過也有漠視開車權利，甚至步步相逼的，面對這種態度惡劣的開車人，也只能退之大吉了！否則就有吵起來，甚至打起來的可能。

其實在這個社會裡，「退」也是一種求生存的妙招，它在人際互動上產生的效果有時巨大得超乎人們的想像。

我並不主張人們凡事皆退，固然「退」有其作用，但凡事皆退卻會塑造出一種退縮怯懦的性格，而缺乏與人交鋒的戰鬥性格；雖然可以保全自己，但也會喪失很多機會！因此，「退」是一種手段與權宜，而不是目的與逃避，這是採取退的動作的人必須有的認知。那麼如何退呢？

首先，我們要瞭解「退」的意義與目的。一般來說，「退」有以下幾種目的：

1.**解決問題**：也就是說，「退」只是為了換一個角度、換一個方向，或騰出一些空間。好比兩車相逢，有時必須自己先退以讓來車，自己才有前進的可能，或是前進無路，只好後退另走他途。這種退，純粹是技術考慮。

2.**保存實力**：也就是說，正面對戰已無取勝可能，而且將耗損自己實力時，知此則可退，以補充戰力。

3.**誘敵深入**：也就是說，「退」只是一種手段，主要是使對手進入一個對他不利但對自己有利的戰場，但要追得不讓對手起疑，還須講究一點技巧。

4.**以退為進**：「退」是一種手段，是一種姿態，也是一種交換，更是一種條件！因此退也可以換取另一種形式的補償。所以在某種情況下，退就是進；若能「退二進三」；那麼退便能獲得更大的效益。

「退」，大有學問，能妥善運用必有大的獲益；倒是當你看到對手進時，必須提高警

覺，千萬不要誤認為這是你的勝利，因而得意忘形。這種誤判所導致的失敗常常是措手不及，想都想不到的！

黏土心態

國外一位政治犯被關了二十幾年，出獄後接受記者的訪問。記者問他是怎麼度過這二十幾年的，這位堅毅的政治犯說：「我把自己變成黏土，你可以捶我撞我，捏我拉我，我會變形，可是黏土依然存在。換句話說，環境再怎麼折磨我、打擊我，我的外在會隨著改變，但我的內心依然不變，我就是我！」在社會裡，再也沒有比這更偉大的適應哲學了。

每個人一生當中都會遭遇困境，有些困境挺一挺就過去了，有些困境卻讓人感到茫然與絕望，不知何時黎明才會來到。意志薄弱的人很容易在嚴苛的環境中滅頂，喪失自己；也有人採取用剛烈的手段，以硬碰硬，結果也喪失了自己，真正能改變環境的並不多！因此在困境時有「黏土」的柔軟就十分必要了。

這可分兩方面來談——

被整、被踩的經歷，恐怕誰都會遇上，只要你奮發圖強，早晚有一天能夠東山再起。

1.面對物質的困境時：你可以去做你平時看不起或不十分願意做的事。例如你失業了，可是又找不到如意的工作，為了生活，擺地攤、挑磚塊、當跑龍套等，都是可以做的。這是「黏土」的變形——雖然工作形態改變，但壯志與抱負、堅持並未磨損變質，也就是外形變本質不變，很多落難的英雄其實都是如此！

2.面對人為的困境時：你必須在這種種無法違抗的人為力量下，做他們要你做的事。可能很卑賤、很委屈自己，但這只是肉體上的屈服，你的意志並未屈服，你的原則並未改變，這也是外形變而本質不變！像有些偉大人物遭到冤獄或陷害時，用的都是這種方法；他們甚至可能裝瘋賣傻，但是他們比誰都清醒！

也許有人會認為，做一團「黏土」太沒志氣。看起來的確如此，可是當無力改變環境時，也只能儘量保持「我」的存在，否則「我」消失了，還能談什麼理想與抱負呢？一個鐵錘下來，石頭會碎裂，可是黏土卻吸納了；鐵錘的力量，不但沒有碎裂，反而還包住了鐵錘，這種力量，才是最可畏的啊！

也許你尚未遭到困境，不過人際關係上多多少少也會遭到一些不愉快，那麼，做一塊黏土吧，讓其他人感受到你的柔軟、你的吸納與包容，千萬不要做一個石頭，黏土可以變回原形，可是石頭裂了，就再也補不回了。

第二章・多栽花，少種刺

好話，是人人都愛聽的。誰聽到別人的讚揚，都會感到心花怒放，都會對你充滿好感。對你周圍的人多說好話，會讓別人對你產生好感，既然對你有好感，也就不會憋著心思地整你了。

人人都渴望被讚美

每個人都渴望得到別人和社會的肯定和認可，我們在付出了必要的勞動和熱情之後，都期待著別人的讚許。那麼，把自己需要的東西，首先慷慨地奉獻給別人，表現出來的是我們的大方和成熟。

讚許別人的實力，是對別人的尊重和評價，也是送給別人的最好禮物和報酬，是搞好人際關係一筆暫時看不到利潤的投資。它表達的是我們的一片善心和好意，傳遞的是你的信任和情感，化解的是你有意無意間與人形成的隔閡和摩擦。因此對人表示讚許，你何樂而不為呢？世界上的人大都愛聽好話，沒有人打心眼裡喜歡別人來指責他，就是相濡以沫的朋友，你批評幾句，對方往往臉上也有掛不住的時候。

美國哈佛大學的專家斯金諾，通過一項實驗的研究結果表示，就連動物的大腦，在受到鼓勵的刺激後，大腦皮層的興奮中心就開始起勁調動子系統，從而影響行為的改變。同樣的道理，人類是萬物的靈長，期望和享受欣賞，是人類最基本的需求之一。日本的社會心理學家在細和孝就說過：「人們對你讚譽、佩服或表示敬意時，除非顯而易見地是拍馬屁，即使是應酬話，你也許還是覺得舒坦。可是，聽到他人對你的批評，不中聽的言語時，即使他沒有惡意中傷，而且又部分符合實際，你也可能長期對它抱持反感。」

在細和孝的話語恐怕不僅僅是對日本人而言的，他在一定程度上，是滲透了人性在對待讚許和批評方面的底層而發的透徹議論。中國也有相同的經驗之談，不過言簡意賅，沒那麼具體。「多栽花，少栽刺」，就是這方面既來得直接，又深富哲理的良策警語。

一般在常人身上，都有著難以察覺的閃光點，而這些正是個人價值的生動表現。而一個偉大的領導者，往往獨具慧眼，大多是讚頌別人的專家。羅斯福的才能，就表現在對正直人給予恰當的稱讚上。既然讚揚是人際交往的潤滑劑，我們就要在和周圍人相處的過程中，毫不吝嗇地讚揚別人，使讚許的動機獲得廣大而神奇的效用。

1.讚揚的過程是一個溝通的過程：一位學者在一所高等學府任教，這人深沉不露，嚴肅認真。他的老婆在實驗室工作，經常與機器和資料打交道，也難免謹慎和刻板。然而不久前他的朋友們卻發現他的老婆年輕了許多，不僅待人熱情洋溢，而且穿戴打扮也煥然一新。遇到開心的事，笑聲爽朗，很是動人。眾人很納悶，她怎麼像換了個人似的？詢問這位學者，才知道她近來調換了一個工作環境，那裡年輕人多，氣氛融洽，頂頭上司又是一個充滿活力，非常會說笑話的人，非常讚賞她工作的認真和負責。經常時不時地給予她應有的鼓勵和讚美，讓她感覺到自己好像突然生活在另外的世界裡，陽光燦爛，空氣清新，連精神面貌都充滿了一股朝氣。

這個人的經歷說明了讚揚不僅能改善人際關係，而且能改變一個人的精神面貌和情感世界。讚揚的過程，是一個溝通的過程。透過讚揚，你得到了對方的欣賞和尊重，自己享受了自尊、成功和愉快，你的精神面貌還能不如芝麻開花，充滿盎然的生機嗎？

2.讚揚能鼓勵人向上和自強：馬斯洛的層次理論認為，自尊和自我實現是一個人較高層次的需求，它的一般表現為榮譽感和成就感。而榮譽和成就的取得，還須得到社會的認可。而讚揚的作用，就是把他人需要的榮譽感和成就感，拱手送到對方手裡。當對方的行為得到你真心誠意的讚許時，他看到的是，別人對自己努力的認同和肯定，進而使自己渴望別人讚許的動機在榮譽感和成就感接踵而來時得到滿足，從而在心理上得到加強和鼓舞。他能養精蓄銳，更有力地發揮自身的主觀機動性，朝向自己的目標衝擊。

某校有一位同學，在一次命題作文中，抄襲了一期雜誌上的一篇散文。極為巧合的是，語文老師恰巧手裡有這一期雜誌。多年的任教生涯，使他深深地明白，保護學生的自尊要鼓勵和讚揚，這比用挖苦和指責所收到的效果要好得多，因為它給同學的，是正面的引導和促進。所以，他沒有批評學生，而是把這位同學私下叫到房間裡，稱讚這篇散文寫得很好，並幫助他分析了文章結構和起承轉合，囑咐他向更高的寫作目標奮鬥。結果，這一次保護面子的讚許行動，在這位同學心中留下了極為深刻的印象。他真的愛上了寫作，靠著執著和勤

奮，成為了知名的業餘作家。讚賞的力量有時的確是十分驚人的，它簡直到了點石成金的程度。

3.**讚揚別人，也能激勵自己：**現實生活中，一個善於發現別人長處，善於讚揚別人優點的人，絕不是單方面的給予和付出。不知你是否也有這方面的體驗，讚揚別人，往往也會激勵自己。別人的精神會感染我，別人的榜樣會帶動我，人家行，我為什麼不行呢？比比看！這樣一種情形和心態，在體育場上，簡直可以說是比比皆是。

表揚勝於批評

一位教師經常批評油畫班的學生不完成作業，出於對訓斥的反感，有個學生禮貌地建議老師，是否能以表揚完成作業的學生來取代批評沒有完成作業的人。老師採納了他的建議。果然，幾個星期後，他不僅看到同學們認真完成作業，而且，看到一個充滿歡樂氣氛的團體。

一位年輕的小姐和一個嚴厲、專橫的男人結婚。他的父親——一個愛對兒媳發號施令的人和他們生活在一起。對於他們的強迫命令和苛刻評價，小姐儘量不動聲色，但是，對於他們令人愉快、考慮周到的事情，如幫助她去食品店買東西，則給予熱情地讚揚，不到一年她使他們變成了謙和有禮的人。

可見，讚揚對行為有著不可估量的作用。哈佛大學藻類學專家B.R.斯金諾的實驗也充分地肯定了這一點。他認為，鼓勵不僅僅是獎賞和懲罰，它是和一些行為的發生相聯繫的東西，它有著促使某種行為重新出現的趨勢。當動物的大腦接收到鼓勵的刺激，大腦皮層優勢興奮中心調動起各個系統的「積極性」，潛在的力量機動地變成了現實，行為發生了改變。他說：「我最初認識到這一問題，是在夏威夷海洋生物公司大型水族館工作的時候。一九六三年，我在那裡擔任海豚教練員的負責人。訓練馬和狗，可以用傳統的訓練方法，但是，對那些水生動物，不能使用皮帶和馬籠頭，『積極的鼓勵法』是我們唯一的方法。我們通常採取『條件鼓勵法』。運用條件反射原理，我們讓一些原始的信號（聲音、光等等），和一些基本的鼓勵（給食物）聯繫起來，使這些信號在它們頭腦中和鼓勵的刺激建立穩固的聯繫，當信號一出現，鼓勵的作用也同時出現了。」

海豚教練員們經常在餵食的時間吹口哨，口哨成了海豚的鼓勵信號。我曾見到，在沒有給食物的條件下，動物們聽到口哨，表演了一個多小時的節目。

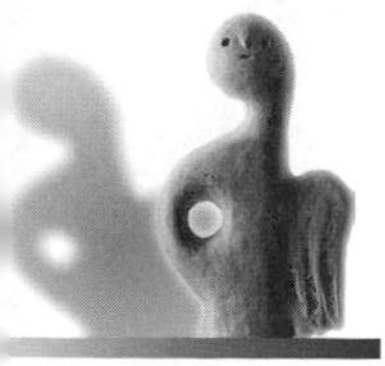

「幾年前，在紐約的布朗克斯動物園，看守人準備打掃大猩猩的籠子，叫牠出來，猩猩不肯。無奈，看守人搖動手中的香蕉，想吸引牠出來，可是，大猩猩不是不理不睬，就是搶到香蕉後跑回原處。一個教練員看到這種情況指出：「這種搖動香蕉的鼓勵方法，從前沒有實施過，因此不能奏效。但是，運用『食物鼓勵法』，無論什麼時候，都能奏效。你應該把香蕉放在門前，讓香蕉吸引猩猩自己走出來。」果然，大猩猩見到門前的香蕉，乖乖地走了出來。

「我把『積極的鼓勵法』應用到日常生活之中，立即收到立竿見影的效果。我的孩子不愛勞動，我經常大聲地呵斥他，這不僅無濟於事，家庭的氣氛也很緊張。我改變了教育方式，注意觀察他令人喜歡的行為，例如，看到他幫助大人洗盤子的時候，就用讚許的口氣鼓勵他。果然，他開始熱愛勞動了，家庭的氣氛也和睦多了。」

一般來說，鼓勵有兩種形式，肯定的和否定的。肯定的鼓勵，出自對主體需要的滿足。例如，給動物食物，撫愛、表揚等等。否定的鼓勵，使用於禁止的、要牠迴避的事情。例如，打牠、對牠皺眉頭，或者發出不愉快的聲響。只要發出肯定的鼓勵信號，行為必然會得到改善。

假如你要某人打電話給你，他沒有這樣做，你不能鼓勵他，因為這是沒有出現的事情；當他打電話給你的時候，你高興地按上述方法去做，他會經常打電話給你。如果，你用否定的鼓勵法，冷淡地對待他，也許，他從此便不會再給你打電話了。

從斯金諾的這番話中，我們可以看出鼓勵的積極作用。鼓勵的力量是相對的，不是絕對的。鼓勵是有條件的。下雨對鴨子是肯定的鼓勵，對貓卻是否定的鼓勵；在你達到溫飽的時候，食物並不是鼓勵的因素，但是，在訓練動物的場所，這是各種鼓勵法中最有效的方式。

在海洋上捕殺鯨魚的人，採用許多種鼓勵法。例如，用魚誘惑，用撫摸、搔癢的方式，用引起群體的注意或者用玩具的作用等等。動物們從沒想到鼓勵引起的行為將是獵人們設下的陷阱。牠們的詫異，正是被邀請表演的用意所在。

鼓勵是一種資訊，通過傳導的方式起作用。它準確地告訴物件，你喜歡、需要的是什麼。在運動員和舞蹈演員的訓練場上，教練的口令「對！」或者「好！」絕不是在訓練結束後的更衣室內詢問訓練情況，事實上，它意味著發出需要動作的一個信號。

觀看足球賽和籃球賽時，我們經常被運動員受到喝彩和鼓勵的激動人心的場面所打動。每當一個投籃得分或者精彩的險球之後，場下人群中爆發的雷鳴般的喝彩聲使運動員和群眾感情交流，融為一體，運動員們受到多麼大的鼓舞啊！

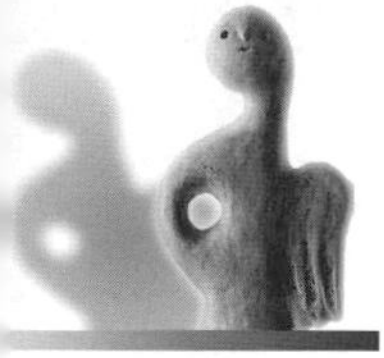

鼓勵要適時，不能過早也不能過晚。如果你說，「噢，孩子，昨天晚上你的行為好棒啊！」她會回答：「怎麼，難道現在我有什麼不好的行為嗎？」當孩子們遇到挫折而灰心喪氣的時候，我們應該經常鼓勵他們對於沒有成功的事情進行嘗試。

找出別人值得稱讚的地方

一個人的成功是你讚賞他的大好機會。你要花點兒時間靜心想想，你可以稱讚你的夥伴取得了哪些成績。比方說，你可以問自己：

1.他取得了什麼成績，比如，在公司日常管理事務中、在贏得市場方面、在爭取開發新客戶，或是產品改良方面？

2.他做了哪些特別的工作，有什麼特別的貢獻？他在哪方面比大部分人都優秀、突出？

對他的讚賞要有目的。請明確告訴他，是他的哪些優點或成績給你留下了深刻的印象，又是什麼使他與眾不同。

實際上，許多可以讚賞他人的機會都被人們忽視了。因此，為了有效地獲取靈感，你可以為你的每位重要的合作夥伴列一張值得你讚賞的成就清單。在合適的時候，就可以據此向他們表示祝賀。你還要定期對這張清單進行修改，增減內容。

下面的問題可以幫助你列出這張清單：

1.在與你的合作過程中，對方取得了哪些值得稱讚的成果？
2.他對你提起過的或其他人沒能解決的問題中，有哪些是他力排困難而圓滿解決的？
3.他出過哪些好的點子和建議並且付諸實施了？
4.他是否對形勢作過不同於同業內專家的意見，但實際證明是準確可信的預測？
5.你們之間的合作在哪些方面取得了特別突出的成績，具體資料是多少？

你越是經常地對顧客的成功進行思考，越經常為他們列出一張值得讚賞的成就清單，就會越容易地找到可適時稱讚的機會。當然，你要注意讚賞也不可言過其實，更不必刻板地一天數次在固定的時間恭維你的夥伴。

千萬不要為了稱讚你的夥伴而等待百年難得的大好機會，或驚天動地的鴻圖偉業，因為這種情況極為罕見。你應利用日常交往中出現的那些不可勝數的機會來稱讚他人。絕不可因

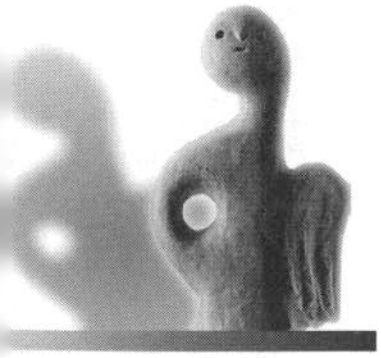

為事件太小就不提，而猶豫著要不要給予他們衷心的讚美。在日常生活中，隻言片語的稱讚常與長篇大論的頌詞一樣具有重要的意義。你稱讚對方才是真正關鍵性的舉動，因為，人們嚮往的是被讚譽這一事實本身。

這裡還有一個重要的訣竅：你可以稱讚對方那些圓滿完成了的「普通」任務或日常工作。人們通常只讚賞那些取得突出成就的人，讚賞總是與出類拔萃或獨一無二相聯繫。而普通任務的圓滿完成常被視為理所應當，因而很少被人重視。但每一位內行都知道，日復一日地出色完成看來簡單的日常工作，也是件很不容易的事。他知道，為此需要付出何等的細心耐心、謹小慎微和全神貫注，而且，這些看似簡單的工作最後成功與否，通常會受到無數因素的左右和影響。

一般、非凡的成績可以通過一次「特別行動」獲得，為了取得這一結果，需動用全部人力、物力資源來鋪路。相反，圓滿完成日常的普通工作，則需要人們兢兢業業、堅持不懈。還要提一下的是，日常工作常常是在條件不夠完善的情況下完成的。也許一次非凡成績的轟動效應就足以留給他人良好印象，而普通工作的圓滿完成雖往往沒沒無聞，卻更講究點滴的積累，在細微處見真功夫。

所以，你要稱讚你的夥伴在日常工作與合作中表現出來的優點。比如，你可以稱讚他的誠實可靠、辦事幹練高效、樂於助人等優良品質。你可以告訴他，你欣賞他如約赴會的守時，或提供資訊的準確性。

對你的合作夥伴而言，這種讚賞完全出乎他的意料。他會由此認識到你的細心和非比尋常的評價能力。他發現，你看到了別人看不到的細節，發掘著他人的閃光點。比起偶爾被誇張地捧上天，經常為些小事而得到稱讚更能讓人感動。

所以，無論在事業上還是生活中，你都要更經常地發掘看似平淡無奇的小事來稱讚合作夥伴。這樣的稱讚更自然可信，能真正打動人。

卓越成就的讚賞往往被忽略

在讚賞他人時還有一個容易忽略的重要方面，就是對卓越成就的讚賞。可能人們對卓越成就所給予的肯定和讚賞還不如對那些日常小事來得多。最出色的成就幾乎都沒有得到應有的讚賞——這當然也有例外，比如體育界和文藝界，明星們頻頻在電視等媒體露面，令各人的追星族崇拜得五體投地。但在實際生活中，尤其在商務領域，就可能出現這樣的怪現象：一個人所取得的成就越大，他能夠得到的讚賞往往就越是少的可憐。之所以會造成這種怪現

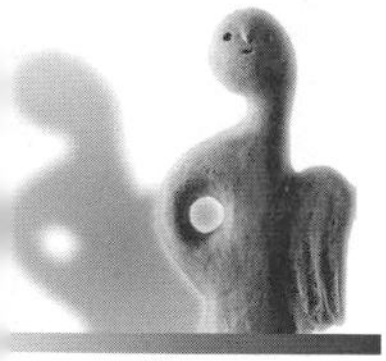

象，主要有以下幾個原因：

1.**你想當然地認為對方已得到了足夠的讚賞：**許多人都以為成功人士早已被鮮花和掌聲包圍，自己的稱讚只會成為微不足道的耳邊風。他們有種錯覺：「這個他自己很清楚，肯定每個人都這樣誇他。恐怕他早聽膩了，哪用得著我去重複！」事實可能正相反。正因為每個人都擔心自己說的是成功者每天都能聽到的話，結果反而沒人稱讚他了。

此外，人們還害怕自己的讚賞被對方視為老一套的陳腔濫調，或者與對方的巨大成就相比，自己所讚賞的只是些不值一提的小事而已。最後的結果就是，所有的欽佩之辭全悶在肚子裡，而對方卻一無所知。

2.**擔心自己難以恰到好處地稱讚他人：**日常談話中，人們往往難以不著痕跡地談及對方的優異成就。特別是能讓人自然而然地稱讚對方「畢生成就」的機會實在太少。同時，人們擔心自己辭不達意。

3.**因感覺自己相形見絀而拘謹：**當人們面對一位卓越的成功者時，通常會感到拘謹，因為人們感覺自己相形見絀因而緊張得笨嘴拙舌忘了如何去稱讚。其實這根本是杞人憂天。首先，巧妙而令人愉悅的恭維是不需要經過專門訓練的，人人都可無師自通。其次，並沒有人期望你出口成章，表達的辭句立刻成為的經典之作或是中學課本的範文。

採用最有效的稱讚激勵下屬

稱讚的方式是各式各樣的，如直接讚美法、間接讚美法……等。

作為上司給下屬的稱讚一般可採用直接讚美法和間接讚美法。

直接讚美，即當著對方的面，以明確的語言表示贊許；間接讚美，即運用眼神、動作、行為等向對方表示你讚賞的心情。

上司對下屬怎樣稱讚才能獲得較大的激勵效果呢？下面幾種方法可供參考。

1.**有明確指明的稱讚**：例如，「小明，今天下午你處理顧客退房問題方式極為恰當。」這種稱讚是你對他才能的認可。

2.**帶有理由的稱讚**：稱讚時若能說出理由，可以使對方領會到你的稱讚是真誠的。如：「要不是採納了你的建議，這次公司的損失就可能難以估計了！」

3.**對事不對人的稱讚**：如，「你今天在會議上提出的維護飯店聲譽的意見很有見解」。這種稱讚比較客觀，容易被對方接受。

4.**對業績突出者的稱讚**：這種稱讚，可以增強對方的成就感。如，辦公室秘書志鵬在一次競賽中獲得年度新聞稿件優等獎。拿回獎狀後，主管立即給予了志鵬較高的評價：「志

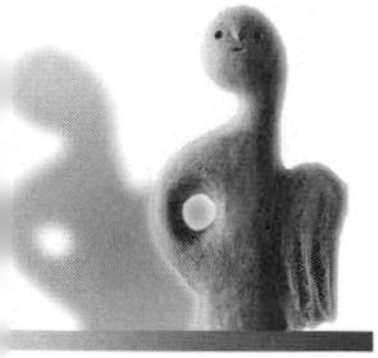

鵬，不錯喔！你的那篇稿子我拜讀過，文筆流暢，觀點突出。好好努力，會很有前途的。」

5.該稱讚的時候即稱讚：這種稱讚與「打鐵趁熱」同理，易被對方接受。

6.對工作業績及付出的心血一併稱讚，容易使對方產生「知己」之感：財務科會計曉敏在活動競賽中獲得優勝，主管馬先生高興地說：「這次獲獎，是你平時努力的結果。也是皇天不負有心人。沒有日常的努力，是不可能取得好成績的。好！好！」

7.直接稱讚，不夾帶批評。

8.隨時稱讚。

記住，稱讚不是瞎捧，不是胡說，一定要結合實際，根據他的表現，進行適度的稱讚。應當知道，每個人、每位下屬都有他的長處和短處。作為上司，要能夠看到下屬的長處、看重他的長處。適度的稱讚，可以使他格外珍惜自己的長處，並格外努力。

讓你的讚揚真實可信

我們的基本原則是：不要說些可有可無的客套敷衍話，要令你的讚揚真實可信。應讓對方明白，你對他的讚賞是經過認真考慮的肺腑之言。

1.要獨樹一幟：在稱讚別人的時候，要明白無誤地告訴他，是什麼使你對他印象深刻。你的讚賞越是與眾不同，就會越清楚地讓對方知道，你曾盡心深入地瞭解他並且清楚地知道自己現在有此表達的願望。

稱讚對方具備某種你所欣賞的個性時，你可以列舉事證為例。比如，他提過的某個建議或採取過的某一行動：「對你那次的果斷決定，我還記憶猶新呢。這個決定使你的業績提升不少吧？」

應儘量點明你讚賞他的理由。不僅要讚賞，還要讓對方知道為什麼要讚賞他：「當時你是唯一準確地預料到這一點的人。」

資料能使你的讚賞更加確實可信：「有一回我算了一下，用你的方法可以節省多少時間，結果是……」

如果可能，不妨有選擇地給你的一些客戶或合作夥伴書面致函，表示你對他們的欣賞。只要你有充足的理由，完全可以把你的讚美之辭訴諸筆墨。書面讚賞的效果往往非常的好。

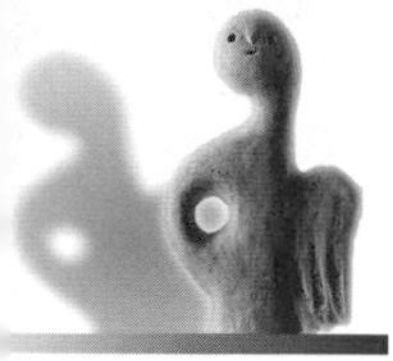

「讚揚信」是不會被對方丟棄的！如果你的文筆既有深度又與眾不同，對方還會百讀不厭。

2.不可言過其實：請注意，你的讚賞要恰如其分。不要藉一件不足掛齒的小事讚不絕口，大肆發揮，也別抓住一個枝微末節便誇張地大唱頌歌，這樣未免太過牽強和虛假。

你的用詞不可過分渲染誇張。不要動輒就說「最」。當對方用五升裝的大瓶為你斟酒時，你可別故意討好：「這絕對是最好的葡萄酒。」

小心別讓對方覺得你對他的稱讚是例行公事。你當然應該比現在更經常地對你的夥伴表示讚賞，但可別在每次談話時都重複一遍，特別是在對方與你經常見面的情況下更要牢記這一條。最重要的一點是，不要每次都用一模一樣的話來稱讚對方。

3.注意因人而異地使用讚賞：即使是因為相同的事由，你也不應以同樣的方式來稱讚所有的人。避免給對方留下「這人對誰都講那麼一套」的壞印象。在很多人的聚會中，你千萬不要搬出前不久剛稱讚過其中某一位的話，再次恭維其他人。還是仔細想一想，每位顧客與他人相比，到底有何突出之處，這樣就能恰到好處地讚揚別人。

4.讚賞他人要利用恰當的機會：不要突然沒頭沒腦地就大放頌辭。你對顧客的讚賞應該與你們眼下所談的話題有所聯繫。請留意你在何時以什麼事為引子開始稱讚對方。對方提及的一個話題，他講述的一個經歷，也可能是他列舉的某個數字，或是他向你解釋的一種結果，都可以用來作為引子。

要是他沒有給你這樣的機會，你就自己「譜」一段合適的「讚賞前奏」，使得對方不致感覺這讚揚來得太突然。不妨用一句謙恭有禮的話來開頭：「恕我冒昧，我想告訴您……」「我常常在想，我是不是可以說說我對您的一些看法。」

這種「前奏」還有兩大功用：一是喚起聽話者的注意力，二是使你的稱讚顯得更加懇切誠摯。

5.採取適當的表達方式：重要的不僅是你說了些什麼，還有你是怎樣來表達的。你的用詞，姿勢和表情，以及你稱讚他人時友善和認真的程度都至關重要。它們是顯示你內心真實想法的指示器。

你應直視對方的眼睛，面帶笑容，注意自己的語氣，講話要響亮清晰、乾脆俐落，不要細聲慢語、吞吞吐吐，也別欲語還休。小心不要用那種令人生厭的開頭：「順便我還可以提一下，您的還算不賴。」這讓你的稱讚聽起來心不甘、情不願，又像是應付了事。

如果合適，你甚至可以在稱讚的同時握著對方的手，或輕輕拍拍他的手臂，營造一點親密無間的氣氛。

6.集中精力，不要中途「離題」：讚賞對方的機會幾乎總是出現在偏重私人性的談話中。大多數時候在談話中你一定會談及其他事情。但你對顧客的稱讚應始終成為一個相對獨立的話題和段落。讚賞對方的這個時刻，你越是集中注意力，心無旁鶩，讚賞的效果就會越好。所以，在這一刻你不要再扯其他事情，要讓這一段談話緊緊圍繞你的讚賞之辭，不要中途「離題」。

讓對方對你的讚美之辭有一個「餘音繞樑」的回味空間，不要話音剛落就硬生生地談其他雙方有分歧的事，弄得對方前一刻的喜悅心情在頃刻間化為烏有。

7.不可給讚賞打折扣：別把你的稱讚和關係到實際利益的話題聯在一起，這些話題換個場合交談會更合適。假若你的談話意旨在推銷產品或獲取資訊，你稱讚了對方之後要留出些時間，不能馬上話鋒一轉立即切入主題。要避免給對方這樣的印象：你前面的讚譽只是實現你推銷目標的一塊鋪路石。

請不要用煞風景的陳腔濫調來結束你們的談話，記住，越純粹的讚賞效果最佳！

許多人在稱讚他人時都易犯一個嚴重的錯誤：他們把讚賞打了折扣再送出去。對某一成績他們不是給予百分之百的讚賞，而是畫蛇添足地加上幾句令人沮喪的評論或是一些能很大程度削弱讚賞的積極作用的話語。比如：「您做的菜味道真好，每一樣都不錯，就是湯汁裡的油加多了。」這種折扣不僅破壞了你的讚揚，還有可能成為引起激烈爭論的導火線。

尤其那些對傑出成績的讚賞，幾乎無一例外地和批評一起「唱和」。成績越突出，人們就越覺得自己有責任去「評論」而不僅是稱讚這一成績。他們無法忍受只唱讚歌，一定要多少挑出點缺憾才甘休。同時，他們錯誤地把讚賞他人當成了自我表現的機會。他們以為他們能夠通過打了折扣的讚賞來證明自己的「批判性思維能力」，進而也出出風頭，顯出他們的理性和水準。

任何讚賞的折扣，哪怕再微小，也使讚賞有了瑕疵，從而產生了不必要的負面影響。它破壞了讚賞的作用，使受稱讚的一方原有的喜悅之情一掃而空，反而是那幾句「額外搭配」的評論讓人難以忘懷。

8.不要引起對方的曲解：一位年輕男子晚上在飯店碰到一位認識的小姐，她正和一位女性友人在用餐，兩人剛聽完歌劇，穿著漂亮。這位男子不覺眼前一亮，很想恭維一下對方：「噢，今晚妳看上去真漂亮，真像個女人。」對方難免生氣：「我平常看上去什麼樣呢？像個清潔工嗎？」

在一次主管會議上，一位同事上臺了。會議主持人向略顯吃驚的觀眾介紹：「這位就是劉小姐，這幾年來她的銷售培訓工作做得非常出色，也算有點名氣了。」這末尾的一句話顯然畫蛇添足地讓人不太舒坦，什麼叫「也算有點名氣」呢？

這些稱讚的話會由於用詞不當，讓對方聽來不像讚美，倒更像是貶低或侮辱。結果自然是不歡而散，事與願違。所以在表揚或稱讚他人時也請謹慎小心。請注意你的措辭，尤其要注意以下幾條基本原則：

(1)列舉對方身上的優點或成績時，不要舉出讓聽者覺得無足輕重的內容。比如向客戶介紹自己的銷售員時說他「很和氣」或「職場倫理觀念很強」之類和推銷工作沒有關係的事。

(2)你的讚揚不可暗含對對方缺點的影射。比如一句口無遮攔的話：「太好了，在一次次的半途而廢、錯誤和失敗之後，您終於大獲成功了一回！」

(3)不能以你曾經不相信對方能取得今日的成績為由來稱讚他。比如：「我從來沒想到你能做成這件事」，或是「能取得這樣的成績，恐怕連你自己都沒想到吧。」

另外，你的讚詞不能是對待小孩或晚輩的口吻，比如：「小夥子，你做得很棒啊，這可是個了不起的成績，就這樣好好幹！」

9.**別讓對方的謙虛削弱了你讚賞的作用：**或許有些人很少受表揚，所以聽到別人稱讚他時會不知所措。還有些人在受到稱讚時想要表明，取得優秀成績對他來說是家常便飯。這兩種人面對讚賞的反應幾乎一模一樣：「這不算什麼特別的事，這是應該的，是我的分內事。」

聽到對方這種回答時，你不要一聲不響，此時的沉默表示你同意他的話。這就好像在對他說：「是啊，你說得對，我為什麼要表揚你呢，我收回剛才的話。」相反，你應該再次稱讚他，強調你認為這是值得讚賞的事。請簡短地重複一遍對他哪些方面的成績特別看重，以及你為什麼認為他表現出眾。

審時度勢地讚美別人

讚美別人，彷彿用一支火把照亮別人的生活，也照亮自己的心田，有助於發揚被讚美者的美德和推動彼此友誼健康地發展，還可以消除人際間的齷齪和怨恨。讚美是一件好事，但絕不是一件易事。讚美別人時如不審時度勢，不掌握一定的讚美技巧，即使你是真誠的，也會變好事為壞事。所以，開口前我們一定要掌握以下技巧。

1.因人而異：人的素質有高低之分，年齡有長幼之別，因人而異，突出個性，有特點的讚美比一般化的讚美能收到更好的效果。老年人總希望別人不忘記他「想當年」的業績與雄風，與其交談時，可多稱讚他引以自豪的過去；對年輕人不妨語氣稍為誇張地讚揚他的創造才能和開拓精神，並舉出幾點實例證明他的確能夠前程似錦；對於經商的人，可稱讚他頭腦靈活，生財有道；對於有地位的政治人物，可稱讚他為國為民，廉潔清正；對於知識份子，可稱讚他知識淵博、寧靜淡泊……當然這一切要依據事實，切記不可虛誇。

2.情真意切：雖然人都喜歡聽讚美的話，但並非任何讚美都能使對方高興。能引起對方好感的只能是那些基於事實、發自內心的讚美。相反的，你若無憑無據、虛情假意地讚美別人，他不僅會感到莫名其妙，更會覺得你油嘴滑舌、詭詐虛偽。例如，當你見到一位其貌不揚的小姐，卻偏要對她說：「你真是美極了。」對方立刻就會認定你所說的是虛偽之至的違心之言。但如果你著眼於她的服飾、談吐、舉止，發現她這些方面的出眾之處並真誠地讚美，她一定會高興地接受。真誠的讚美不但會使被讚美者產生心理上的愉悅，還可以使你經常發現別人的優點，從而使自己對人生持有樂觀、欣賞的態度。

3.詳實具體：在日常生活中，人們有非常顯著成績的時候並不多見。因此，交往中應從具體的事件人手，善於發現別人哪怕是最微小的長處，並不失時機地予以讚美。讚美用語愈詳實具體，說明你對對方愈瞭解，對他的長處和成績愈看重。讓對方感到你的真摯、親切和可信，你們之間的人際距離就會越來越近。如果你只是含糊其辭地讚美對方，說一些「你工作得非常出色」或者「你是一位卓越的主管」等空泛飄浮的話語，只能引起對方的猜度，甚至產生不必要的誤解和信任危機。

4.合乎時宜：讚美的效果在於見機行事、適可而止，真正做到「美酒飲到微醺後，好花看到半開時」。當別人計畫做一件有意義的事時，開頭的讚揚能激勵他下決心做出成績，中間的讚揚有益於對方再接再勵，結尾的讚揚則可以肯定成績，指出進一步的努力方向，從而達到「讚揚一個，激勵一批」的效果。

5.雪中送炭：俗話說：「患難見真情。」最需要讚美的不是那些早已功成名就的人，而是那些因被埋沒而產生自卑感或身處逆境的人。他們平時很難聽一聲讚美的話語，一旦被人當眾真誠地讚美，便有可能振作精神，大展鴻圖。因此，最有效的讚美不是「錦上添花」，而是「雪中送炭」。

此外，讚美並不一定總用一些固定的詞語，見人便說「好……」。有時，投以讚許的目光、做一個誇獎的手勢、送一個友好的微笑也能收到意想不到的效果。

當我們目睹一個經常讚揚子女的母親是如何創造出一個完滿快樂的家庭、一個經常讚揚

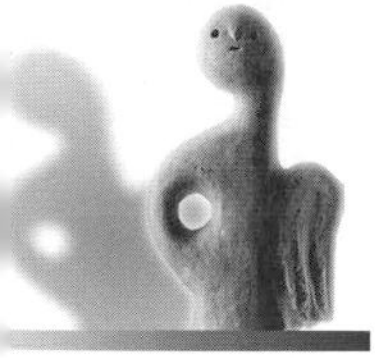

學生的老師是如何使一個班級團結友愛向上、一個經常讚揚下屬的主管是如何把他的部門管理成和諧向上時，我們也許就會由衷地接受和學會人際間充滿真誠和善意的讚美。

6.透過第三者傳達對下屬的表揚：當上司直接讚美下屬時，對方極可能以為那是一種口是心非的應酬話、恭維話，目的只在於安撫屬下罷了。然而，讚美若是透過第三者的傳達，效果便截然不同了。此時，當事者必認為那是認真的讚美，毫無虛偽，於是往往真誠地接受，為之感激不已。

7.大會表揚，刺激鼓勵：對於有成就、貢獻突出的下屬，應當在全體員工大會上進行表揚，這是許多主管經常採用的一種激勵方式。事實證明，這種激勵方式雖然簡單，但產生的效果卻是十分明顯的。為什麼呢？因為人的社會性決定了每個人都希望自己能夠得到他人的肯定與社會的承認。

上司在特定場合對他的表揚，便是對他熱情的關注、慷慨的讚許和由衷的承認。這種關注、承認，必然會使他產生感激不盡的心理效應，乃至視你為知己，更加報效於你。同時，這種表揚，能夠激發其他下屬的上進之心，從而努力進取為公司創造更大的效益。

有的上司、主管一味追求效益，忽略了對貢獻突出者心理的瞭解。只知道用人，而不知道去激勵下屬、激發他們工作的主動性、創造性。久而久之，一些有能力、對公司做出非凡業績的員工，就會產生「上司只會利用自己」的思想，在感情上疏離公司，進而工作熱情逐漸消沉，甚至自行辭職，「跳槽」出去另謀其主。

管理者絕對不能忽視對員工、特別是有一技之長，獨當一面的員工對公司的感情的培養。如果要籠絡他們，就要在他們取得一些成績時給予他們充分的肯定，在比較大的場合上進行表揚、鼓勵。

大會表揚的魅力是巨大的，因為它公開承認和肯定了下屬的價值。既能對受表揚的人起到很大的激勵作用，又會對其他員工產生推動作用。

第三章・學會使用「保護色」

周圍總有不少的人，想把你踩下去，好讓自己一步登天、飛黃騰達，所以你一定要學會保護自己，只有好好地把自己保護起來，才能在這個充滿競爭的社會裡左右逢源。

防人之心的用處

人都有善惡之分。荀子在論人性時說：「人之性惡，其善者偽也。」意思是說：人的性質如果看來是善的，那是他努力裝扮成這樣的，人性本來就是惡的。人性究竟是善還是惡，絕非三言兩語能夠說清楚。但是，在現實生活中的確要在與同事打交道時謹慎小心，特別是對那些難相處的同事，你不妨把他看成是防範的物件，而多考慮一些防患對策，以防萬一，否則，待事情發展到糟糕程度時就為時已晚。

一般人都不喜歡謀略意識強烈的人，也就是心眼太多的同事。然而，在現實生活中，欺騙、狡詐的同事大有人在。因此，與其說欺瞞他人是不正當的行為，倒不如說你吃虧上當是因為太單純，大意失荊州了。

人生從某種角度看也是一場戰爭，為了求生存，必須要有慎重的生活方式和態度，這樣才不至於上某些居心不良的同事的當，吃大虧。當然，為人並不需要自己去欺騙別人，但是，對善於到處設陷阱、圈套利用他人的居心不良的同事，你必須小心提防。

我們不主張整日與同事對峙，做「好戰」之徒。但是，要做事，就要有點防身之術，而且應該常備不懈，一旦有難相處同事侵害自己的正當利益，妨礙自己的事業，在警示無效的情況下沉著應戰時，千萬注意，莫忘防身。

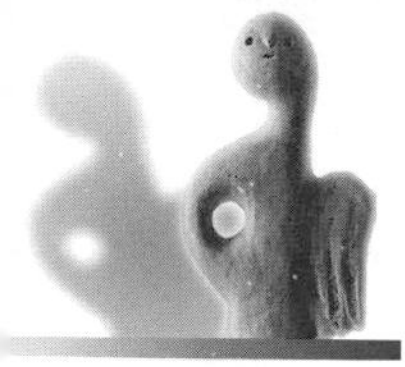

下面，我們列舉一些在工作和生活中應該重點防範的同事。

中國人喜歡說：「害人之心不可有，防人之心不可無。」這句話固然有其狹隘的地方，會使人變得謹小慎微、毫無磊落氣度。但這句話也並非毫無道理。與某些同事交往，不可無防人之心。

陳主任在這方面有過很沉痛的教訓。多年前，有個大學生到公司工作，陳主任是個愛才人，便對他另眼相看。那大學生也對他熱情有加。時間一長，兩人幾乎成了推心置腹的朋友。陳主任什麼都不瞞他，甚至連自己和副主任之間的齟齬也和盤托出。後來，他漸漸感到，副主任與自己的矛盾日益加深，關係越來越僵，甚至時常當面進行頂撞，最後，發展到雙方惡言相向，大鬧一場。事後，兩人都受到處分，並被調離主管的職位。

陳主任和副主任矛盾本是因為工作而起，既不當頭頭，矛盾也就少了許多。日子一長，兩人漸漸消除了舊怨，重新搭話，意外地發現，副主任當初對他敵意陡增、態度突變全是因為大學生在裡面傳話，為了有利於自己，傳話中，不時說了許多雙方互相指責的話，來從中挑起他們的爭端。

陳主任這才如夢初醒，大喊上當。憤憤然去找那位大學生。大學生道：「我既沒有造謠，也沒有誹謗。我是人，總有表達我自己觀點的權力吧？你可以想想，我在你面前是否說過副主任的壞話，如果沒有，那也不能算是挑撥離間。」陳主任啞然。

痛定思痛，陳主任發現自己犯了無防人之心的錯誤。當你在主管的職位上時，別人對你總有幾分敬意。你說話時，別人常會喏喏連聲，但千萬不能就此認為別人和你的想法是一致的。尤其是不該讓下屬知道的事（比如，主管與主管之間的矛盾），即使關係相當好，也絕不能透露。如果有怨氣，寧可找一個不相干的朋友訴說。在這方面存著一點防人之心，是不算過分的。

有防人之心不等於對人一概存有猜忌、懷疑之心。所謂的「防」，就是不說不該說的話，不說不利於同事之間友好的話；不做不該做的事，不做不利於同事友好的事。

有些同事處處為自己的利益著想，他有時可能會把自己得來的不正當的利益分一部分給你，但當他的不當行為被發現之後，就把你拋出去代罪羔羊。應特別警惕。也有的同事，總會利用你，假裝跟你套交情、拉關係，以表示他對你的信任，而你有可能以為碰上了好同事而心存感激，無所防範而他們卻借與你接近之機收集你的隱私，造成你和他人之間的各種矛盾。對此不可不防。

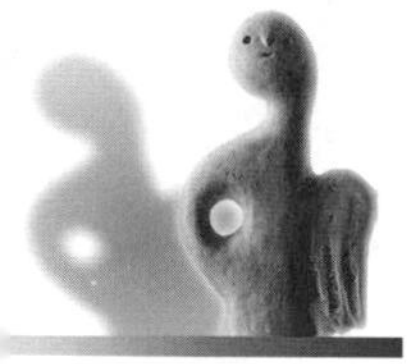

別把個人困擾帶到工作中

現代人待在辦公室裡的時間很長，因而難免會在辦公室內抒發私人困擾；然而此舉並不妥當，私人問題最好不要帶到辦公室。

因為你說出的困擾往往會給人深刻的印象，縱使日後問題解決了，你的同事、上司可能仍不忘懷，因而對你另眼看待（可能對你特別寬容客氣……），遇有決策時更不用說讓你參與了。

其次，你的訴苦或抱怨可能會造成對方的負擔，而且於事無補。若他將你的秘密告訴別人（不管他是對你好或是有意中傷你），不但對你沒有好處，還可能造成他人對你的誤解。畢竟，屬於個人的困擾最好自己解決，縱使與公事有關。尋求解決之道才是當務之急，與其坐而言何不起而行。

但在你的工作效率降低或向上司解釋你為何工作失常時，則有必要說明困擾你的問題，此時切勿贅言，而且不要描述你的感受或演變成抱怨。

在榮譽面前

當一個人把成果獨吞，這樣會引起其他人的反感，從而為下一次合作帶來障礙。正確對待榮譽的方法是：感謝、分享、謙卑。

有家羅伯德家庭用品公司，八年來生產迅速發展，利潤以每年百分之十八到二十的速度增加。這是因為公司建立了利潤分享制度，把每年所賺的利潤，按規定的比率分配給每一個員工，這就是說，公司賺得越多，員工也就分得越多。員工明白了「水漲船高」的道理，人人奮勇，個個爭先，積極生產自不待說，還隨時隨地地挑剔產品的缺點與毛病，主動加以改進。

俗話說，有福同享，有難同當。當你在工作和事業上取得些成績，小有成就時，這當然是值得慶祝的一件事情，你也應當為自己高興。但是有一點，如果贏得這一點成績是人家集體努力的功勞，或者離不開他人的幫助，那你千萬別把功勞據為己有，否則他人會覺得你好大喜功，搶佔了他人的功勞，如果某項成績的取得確實是你個人的努力，當然應該值得高興，而且也會得到別人對你的祝賀。但你自己一定要明白，千萬別高興過了頭，一來可能會傷害有些人的自尊心，另一方面，現實社會中害「紅眼病」的人不少，如果你過分狂喜，能不逼得人家眼紅嗎？

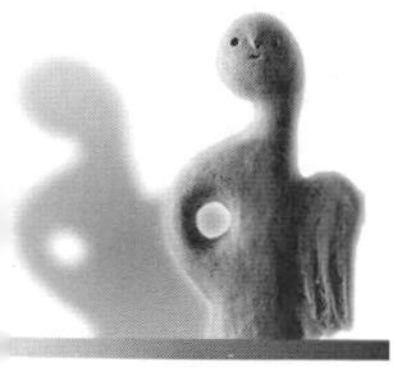

有一位列森先生很有能力，他是一家出版社的編輯，並擔任下屬的一個雜誌的主編。平時在部門裡上上下下關係都不錯，而且他還很有才氣，工作之餘經常寫點東西。有一次，他主編的雜誌在一次評選中獲了大獎，他感到十分榮耀，逢人便提到自己的努力與成就，同事們當然也向他表示祝賀。但過了個把月，他卻失去了往日的笑容。他發現部門同事，包括他的上司和屬下，似乎都在有意無意地和他過意不去，並且迴避著他。

列森為什麼會遇到這種結局？其實原因簡單明瞭，他犯了「獨享榮譽」的錯誤。就事論事，這份雜誌之所以能得獎，主編的貢獻當然很大，但這也離不開其他人的努力，他們當然也應分享這份榮譽。他們不會認為某個人才是唯一的功臣，總是認為「沒有功勞也有苦勞」，所以這位主編「獨享榮譽」，當然會引起別人的不滿，尤其是他的上司，更會因此而產生一種不安全感，害怕他功高震主。

所以，當你在工作上有特別表現而受到別人肯定時，千萬要記住一點——別「獨享成果」，否則這份榮耀會給你的人際關係帶來障礙。當你獲得榮耀時，應該做到以下幾點：

1.**與人分享：**即使是口頭上的感謝也算是與他人分享，而且你也可以讓更多的人和你一起分享。反正說幾句話對你也沒什麼損失！當然別人並不是非得要分你一杯羹，但你主動與人分享，這讓旁人覺得自己受到尊重，如果你的榮耀的確是眾人協力完成，那你更不應該忘記這一點。你可以採取多種與他人分享的方式，如請大家喝杯咖啡，或請大家吃一頓。吃人嘴軟，拿人手短，別人分享了你的榮耀，就不會為難你了。

2.感謝他人：要感謝同仁的協助，不要認為都是自己一個人的功勞。尤其要感謝上司，感謝他的提拔、指導。如果事實正是這樣，那麼你本該如此感謝；如果同仁的協助有限，上司也不值得恭維，你的感謝也就更為必要，雖然顯得有點虛偽，但卻可以使你避免成為他人的箭靶。為什麼很多人上臺領獎時，他們首先要講的話就是：「我很高興！但我要感謝……」，就是這個道理。這種「口惠而實不至」的感謝雖然缺乏「實質」意義，但聽到的人心裡都很愉快，也就不會妒忌你了。

3.為人謙卑：有些人往往一旦獲得榮耀，就容易忘乎所以，並從此自我膨脹。這種心情是可以理解的，但旁人就遭殃了，他們要忍受你的囂張，卻又不敢出聲，因為你正春風得意。可是慢慢的，他們會在工作上有意無意地為難你，讓你碰釘子。因此有了榮耀時，要更加謙卑。不卑不亢不容易，但「卑」絕對勝過「亢」，就算「卑」得過分也沒關係，別人看到你如此謙卑，當然不會找你麻煩，和你作對了。

當你獲得榮耀時，對他人要更加客氣，榮耀越高，頭要越低。另一方面，別老是說起你

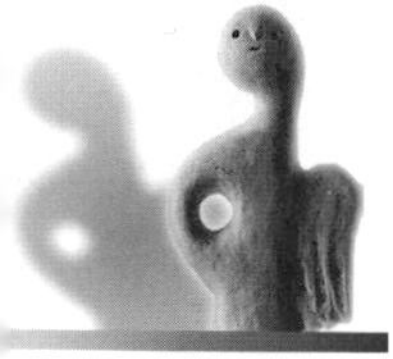

的榮耀，說得多了，就變成了一種自我吹噓，既然別人早已經知道你的功勞，那你又何必總是經常提起呢？

其實，別獨享榮耀，說穿了就是不要去威脅別人的生存空間，因為你的榮耀會讓別人產生一種不安全感。而當你獲得榮譽時，你去感謝他人、與人分享、為人謙卑，這正好讓他人吃下了一顆定心丸，人性就是這麼奇妙，沒什麼話好說。因此，當你獲得榮耀時，一定要記住以上幾點。如果你習慣了獨享榮耀，那麼總有一天你會獨吞苦果！

要先有表現

每天辛勞工作，忍受上司的晦氣，戴著假面具笑臉迎人，討好客戶，為跟同事搞好關係，任勞任怨。這究竟是為什麼？答案人人心知肚明：為錢！為生存！如果那只是一份義工，你所付出的時間與心力，必然大打折扣，甚至可能提不起半點興趣。

假如上司交給你一些額外的工作，他只告訴你該怎樣把它辦妥，卻不曾跟你談到你將得到什麼特別的報酬時，儘管你很想向他提出自己的條件，也須忍耐一下，不可隨便提錢的事。你應該盡自己最大的努力把事情做好，如果那是一件連貫性的工作，你要務求自己做到上司日後不能沒有你的幫忙的地步。讓他看見你的傲人成績後，才向他提出加薪或增加津貼的要求。這不是比你未做事先講價錢，給人一種斤斤計較的壞印象更能達到目的嗎？

不要交淺言深

人與人相處，最忌交淺言深。這種情形如果發生在辦公室，它所造成的負面影響不容忽略。

最普遍的情況，要算是你剛來到一個新的工作環境，同事對你表示友善而歡迎的態度，大家一起出外午餐，有說有笑，無所不談。但其中一名同事可能跟你最談得來，樂意把公司的種種問題，及每一位同事的性格都說給你聽。你本來對公司之人事一無所知，自然也

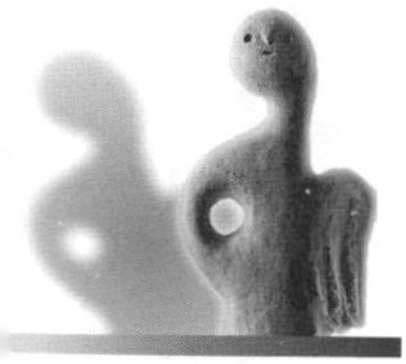

很珍惜這樣一位「知無不言，言無不盡」的同事，彼此顯得相當投機，你開始視對方為知己，將平時看到什麼不順眼、不服氣的事情，也與這位同事傾吐，甚至批評其他同事不是之處，藉以發洩心中的悶氣。

如果對方永遠是你的忠心支持者，問題自然不大。但須知道「來說是非者，便是是非人」。你瞭解這位同事有多少？你怎麼知道你與對方不過數月的交情，比他與其他同事的感情來得深厚？為這一時之快，你把不該說的話說出來，對方手上便有了一張王牌，隨時隨地都可以加害你，把你曾批評過其他同事的說話公之於世，那你在公司還有立足之地嗎？

懂得與同事永遠保持一段距離，凡事採取中庸之道，適可而止，在別人面前從不顯露衝動的言行，學習做個聆聽者。「人不犯我，我不犯人」，公平對待每一位同事，避免建立任何小圈子，對謠言一笑置之，深藏不露，如此你才能成為辦公室中之生存者，而非受害者。

察言觀色的技巧

當你對工作環境和自身有了初步認識，而又確立了個人目標和理想後，往後要學習的是如何應付公司內的同事，對不同類型的人的態度和處理不同事情的手法。比如察貌辨色的技巧、開會的秘訣和交際的手腕，都對你的人際關係的建立有著很大作用。

也許我們可從辦公室內同事心態說起，由於辦公室在社會學上稱為次要群體，故其特性是：

1. 非人情的。
2. 互相分離的。
3. 功利關係的。
4. 視人類為功能和角色看待。
5. 強調任務執行和角色扮演。
6. 能力和價值是平行的。

這些特點促使人們不會在辦公室內把同事、上司、下屬、客戶等視作親人看待。進而可能形成彼此互不關心、猜忌甚至互相陷害。

不過，這些行為背後往往又受到一些動機驅使，使其作出某種只為個人利益的行為，期間不免會忽視或剝削他人的權益，或作出侵犯性的行為。心理學家的理論或許可以解釋部分原因。

根據心理學理論，人是在滿足其基本需要後逐層向上攀升，尋求滿足更高層次的需要的。因此，人為了滿足以上需要，會不惜代價和手段去追尋。因此，我們承認，世途險惡，人心難測，其實也是源於人類追求個人生理或心理的需要。所以，當你不幸地遇上某位狼心狗肺、滅絕人性的人時，請不用驚惶失措，他們只是受了個人需要影響，而作出引起你不滿或憤怒的行為罷了！

此外，辦公室為人類帶來的緊張和壓力，同事間的鬥爭和政治手段都會為人們帶來很大心理上的緊張與不安，影響個人的健康、思想、行為甚至精神狀態，因此不必為你身邊一些不合理和不人道的事情而悲哀，儘管社會壓力和緊張情緒確實充斥在人們的生活圈子，強烈地影響人們的行為。可是，我們還是必須承認，人際關係仍然是社會生活的主題，是一種互動形態。因此，建立良好人際關係是有其必要性的。

同時，透過良好的人際關係，人類可以獲得社會支援和尊重，甚至工作上的滿足。故此，公司同事是既可幫你也可陷害你，成功永遠不是只靠個人努力便成，背後必須有人的協助，才能做出偉大的事業。既然同事對自身利益和事業成就有著如此影響性，為避免個人權益被剝削，你還是應先學習一些察言觀色的技術。所謂相由心生，見微知著，懂得從行為窺探別人內心世界，必能助你過關斬將，趨吉避凶成為優秀的上班族。

基於社會上存在著林林總總、各型各類的人，所以很多時候也難於分辨對方是正是邪，是善是惡，尤其對一些涉世未深上班族來說，更加是丈二金鋼，一點頭緒也摸不著。不過，也不是毫無破綻的，因為，若要人不知，除非己莫為。只要對方的確有所居心，必定會在行為上表露出來。所以你必須觀察人於微，因為見微便可知著，怎麼也瞞不過自己的眼睛。

首先，可以從對方的身體語言去看，面部表情如眼神、坐姿、說話語氣莫不是窺探別人內心的最佳通道，假如你有看面相的本領，也未嘗不是好辦法。

不過，由於辦法繁多，難以有系統地歸納起來。大概有以下五種類型人作典範以供參考，若你不幸遇到以下的人，當避之為宜：

1.笑面虎型——笑裡藏刀：我曾經說過，懂得保護自己的人才曉得做人的藝術，而笑面虎型的人可說是充分掌握這種藝術的典型。

這種人通常是無論任何時間、場合、處境，面對任何人物，上至老闆下至掃廁所的阿姨

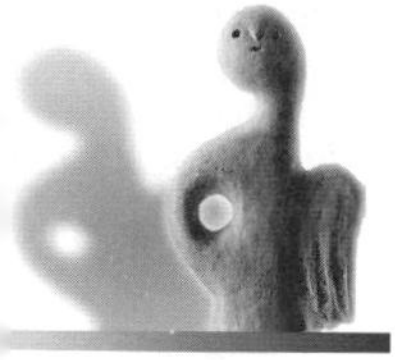

都會笑面迎人，親熱非常。原因通常不離兩個，其一是笑對他來說完全是機械性動作，那麼他的眼神將會是空洞的、無神采的；其二是笑對他來說是一種工具，一種與人溝通的媒介，故眼神往往能與說話相配合，以達到其個人目的。這種人不得不提防，原因是他太懂得保護自己了，他的動機可能是會自己鋪設人際網路，建立一個看來很堅固的社交圈，或是留下一些後路——社交支持，好使他不致孤立無援。

因此，假如你開罪了他，或只是引起他的反感，他對你的評價，便有可能地影響他身邊的人對你的印象，你只要與他不和，便是自討苦吃。

我有一個朋友朱小姐，她品性純良，不通人情世故。在中學畢業後便離開校園到社會上找事做，後來找到一份文書的職務。本來這份工作平平實實，安安定定，是非常合她心意的，且她也著實做得很不錯，由於相貌娟好，言談舉止又得體，同事對她的印象也是很好的。

豈料有一日，朱小姐早上起晚了，慌忙梳洗後忘記戴上其幾百度的隱形眼鏡便上班去，她到了公司樓下，乘電梯期間忽略了與正笑面迎人的黃小姐打招呼，黃小姐見朱小姐毫無反應好生沒趣，心中憤憤不能平，她又怎曉得朱小姐當時是「盲妹」一名。這個誤會也可說是太深了。

自此黃小姐也不再和朱小姐打招呼了，中午吃飯時更隱隱約約向同事透露個人不滿情緒，因此，同事間便開始對朱小姐也起了反感。朱小姐不明所以，夜半無人之際黯然神傷，對工作也提不起勁，真的是上班等下班。後來才從一同事中知悉始末，但想更深一層，與其在這裡受人白眼，倒不如另謀高就。上司眼見她人際關係不和，且去意又決，也不加挽留，朱小姐便抱憾離開。

所以，對笑面虎型的人要千萬要小心，任何時候也得打醒十二分精神。雖說害人之心不可有，防人之心亦不可無，儘管黃小姐未必有加害的心，但得罪她也就等於得罪了整個圈子，實在開罪她不得，否則有如飛蛾撲火，自取滅亡呢！

2.賊眼眉型——其心不正：此種人往往是賊眉賊眼，相貌猥瑣狡滑，談話間眼神不定，永遠目不正視，要探索他內心世界簡直難比登天，要是一不留神便會隨時被他暗中加害，似有陷於萬劫不復境地。一般來說，此種人多為自卑感重，嫉忌心強之輩，對於別人的正義和坦白嗤之以鼻。此種人非但不可待之以誠，且絕不宜告之由衷之言，否則必招橫禍。

此外，此種人往往其貌不揚，又表現普通，成就平庸。不過，亦因此促使他對人居心不良，隨時有加害別人之心，故此一定不可被他捉著痛腳，找到可乘之機。於此同時，即使沒

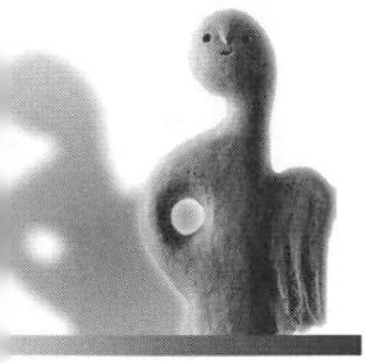

有找到破綻，他亦可能會居心不正，無中生有，起加害之心。特別是當你與他利益有所衝突時，必然會引起對方仇恨，甚至只要你表現勝他一籌，觸犯了他的自卑感或嫉妒心，也必招禍。

我在某國際公司任職時，就曾經親眼目睹一個朋友被人加害以致含恨離開。由於我是旁觀者，雖然心有不甘，亦不便加以插手，否則也就影響個人的良好人際關係。

事情起因是公司來了一位新同事，由於初來乍到人生地不熟，就不得不結交公司同事，互相交流，希望建立良好人際關係，心想必然有助於其事業發展。可是，他偏偏就交上公司內為人最陰險的小李。小李為人向來深沉，時冷時熱，有時談笑風生，有時卻不理不睬，公司內同事莫不忌怕三分，退避三舍，可謂面善心不和。

新同事卻不知底細，與他經常相約舉杯暢飲，甚至將對公司制度的看法，上司為人的評價都統統告之，而且還告訴他自己個人一套獨特見解、理想、目標。小李當然面有喜色，樂於聆聽，但卻完全不相和應，更不會流露個人見解，新同事卻滔滔不絕，說個不停，還以為找到知己呢！

過了幾天，同事間已開始議論紛紛，我也不禁搖頭歎息，替新同事不值。事情緣起於小李在茶餘飯後向人說出新同事的無知理論，甚至加鹽添醋，諸多潤飾，想置他於死地。

所謂好事不出門，壞事傳千里，一經傳開哪有不到上司耳裡之理，上司聽後自然火冒三丈，要擺平心中怒火自然要除去眼中之釘。為此，新同事還未滿試用期便只得拜拜。我本是心有不忍，奈何也是心有餘而力不足，幫也幫不上。

因此，奉勸各位讀者，對人要少說多聽，提防口舌招搖，禍從口出。

3.金手指型——口是心非：當個人的權力欲、破壞欲和表現欲高漲之時，就是生人勿近的高峰，你必須敬而遠之。金手指型的人，往往是希望在其工作環境中得到權力，不惜破壞別人的既存利益，從而表現其個人優越性。這種人可說是辦公室內的危險人物，親近不得。

由於權威是群體的存在和活動中不可或缺的一環，象徵了統治和服從的關係。所以追求權威，是人之常情，不過，過分的追求必然增強他的侵犯性。

另一方面，人性也存在著破壞欲，特別是當破壞行為背後可帶來某種關係和某種利益時，就更加促使破壞行為。此外，在別人失敗的時刻，為著表現個人價值和能力，也不惜幸災樂禍，為他人的挫敗，為個人的優越而感到慶幸。

當以上三種情況集中在一起時，這種人便是極具危險性的人物，隨時可置他人於死地而

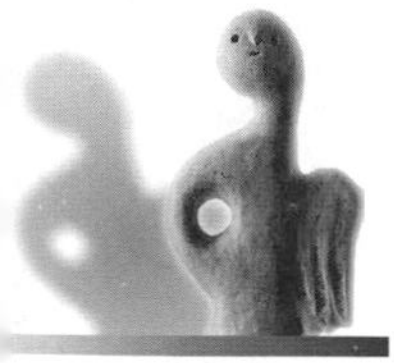

面不改色。因為個人利益已沖昏頭腦，掩蓋眼睛，於是置仁義道德於腦後，含血噴人，冷箭傷人無所不為。

最近，公司發生了一宗不幸的事。一天，董事長召集行政級主管開會，我也列席其中，當他詢問各人表現和成績時，每人都謙遜地又忠實地報告自己業務。

由於其中一位同事因身體不適不在場，所以他的報告就未能即時宣佈。該同事平日表現相當卓越，成績高於其他同事，深得上司賞識，想必穩坐日後經理之位。當董事長詢問其他同事對他印象時，大部分同事均點首稱是。當然，利害衝突下自然誰也不願多讚兩句，只輕描淡寫地表示不錯。可是，其中有一位同事搖頭輕歎，看似替他有所不值之貌。董事長不解，便詢問之，該同事便顧左右而言他，再說出那缺席同事最近所犯的一宗小錯誤。董事長本也認為小事，卻怪那缺席者不肯坦誠相告，以為他欲掩藏事實，瞞天過海，印象隨即大打折扣，認為恐怕也非經理的理想人選。次日缺席同事回來，也無人敢將事實告之，怕惹起事端，他也就被蒙在鼓裡。儘管同事們對該金手指之人甚為不滿，但也著實瞭解到物競天擇，適者生存之理，要管也管不來，為維護自身利益也實在干涉不得。

所以，假使你的同事中有此種人（就算沒有也得假設有），就要事事小心，不能給人可乘之機加諸陷害。

4.易折腰型——見利忘義：所謂易折腰其實是泛指一些腰骨韌度不足，容易受到眼前利益而放棄應有的態度和觀點，行為上因而出現轉變的一類人。

由於內在行為很難洞悉，故此種人也是較為難於辨別，外觀上看來與常人無異，但在日常交往中，也多少可看出端倪。例如此種人往往貪小便宜，凡事斤斤計較，處事見風轉舵，與同事間關係看似和諧，實則卻頗惹人反感，常是受人批評揶揄的一個人。此外，與他相交甚篤者，必然也經常被他出賣，如失約、遲到或早退等，都是他向上邀功的好材料。故絕對不能完全信賴。

此種人亦可能是「講是非」的專家，所不同的是他對不同的人有不同的言論：例如對甲說乙的壞話，對乙又說甲的不是，從而建立個人交際網，以為受到歡迎。故切記：來說是非者，必是是非人，不可不防。

那麼，此種人又是基於何種動機和欲望作出如此卑污行徑？非他，利字當頭。權力欲和佔有欲驅使他們傷害和侵犯他人。出於安全需要的理由，自我保障也是無可厚非的。

我有一個親身經驗，多年前我有一位私交甚篤，平日下班必定一起吃飯、看戲、飲酒的同事小陳，彼此相識三載，頗為投契，成為親密朋友之一。

一日，一位張姓同事向我密告說小楊曾經在大夥兒面前數說我的不是，還將我心腹話也告知大家。張先生甚感不值，便奮勇相告，望我提防此小人。

可是，我還未有所行動時便發覺小楊已表現冷淡在先，心下大為不解，難道有人從中作梗，挑撥離間？追究之下，原來小楊從同事口中得悉上頭有一空缺，我和小楊均是理想人選，薪金增幅達百分之五十。我熟知他個性，小楊為著得失，在這利害關頭，朋友也就變成出賣的物件。但基於內心羞愧便索性來一招惡人先告狀，彷彿是我有什麼不對似的。我自然心裡有數，可是到頭來得失也是難料的。

從此，我交友審慎，不再輕信他人。在此，亦謹告各位上班族，路遙知馬力，日久見人心，時間就是最佳證明。

5.耳根子軟型——無定向風：人類的性格很大程度上是由環境影響；同樣，環境也可培養出不同類型的人。因此，世上有一種是完全服從環境的人——耳根子軟型的人。

這種人往往沒有個人觀點和立場，凡事人云亦云，隨波逐流，缺乏自信和自尊。任何人的言論也可以影響他的思想與行為，更甚者，他很容易受到別人利用，成為害人的工具。

在辦公室內隨時可以找到這種人的影子。無論中午吃飯、晚上看電影，甚至開會表決，他都表現得搖擺不定，無所適從，不是跟大家走便是投中立票，是常常被人忽略的一群。也許你會同情他，進而原諒他的被動，但切勿由憐生愛，冒險地與他結為摯友，因為他基本上不清楚自身行為和責任，因此也不會對個人行為負責甚至難以引起他一點內疚，因為他總有為自己辯護的理由。

像這樣的人，開會時唯唯諾諾，對每位同事的說話均細心聆聽，每到他發言時卻又言之無物，不知所以，有如夢遊仙境。久而久之，人們也就放棄聆聽他的意見。

本來，資質平庸或超凡大半是天生的，怨亦不是，罵亦不是。對於大部分上班族而言，開會、計畫書和表決已成為日常工作最重要的環節，此種人的存在就嚴重地影響工作的正常秩序。雖說此種人沒有多大侵略性和危險性，不過還是接近不得，與他們結交，最低限度也有兩大危機：其一是影響你智力發展，因為腦筋必須要經常運用才會靈活，與他們在一起怎會有用腦的機會，豈不退化？其二是惹人誤會，所謂物以類聚，人以群分。

懶惰是人類天性之一，而服從權威正好應證了懶惰這個人性弱點。因為只要別人說話聽似有理便信以為真，聽命權威，絕對是基於個人懶惰，不作思考和判斷，也不追根究柢，找出真相，才會出現這類人的。

因此，對於此種耳根子軟型的人，只要疏遠便成，因為他們根本不會費神加害你，自然也不會構成危險和威脅。

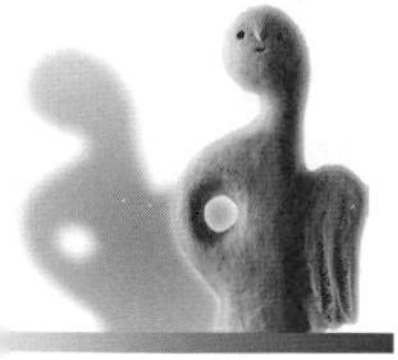

躲開對方蓄謀已久的爭吵

有一位王先生，他本是李先生的好朋友。他們在年輕的時候，就是很好的同學，平常一向是很合得來的。後來，他們自然都長大了，各自成家立業，彼此的家人，也常來往，例如在假日一起去旅行等等。

像這樣的朋友，在事業上互相合作，那當然是不成問題的。中年以後，他們兩個就把自己的儲蓄拿了出來，合力去經商。幾年之間，情形進展得還不錯。

只是，從某一個時期起，王先生就常常找李先生的麻煩。有時候，王先生說李先生不信任他。有時候，又說李先生瞞著他去跟另外的人合作。有時候，又說李先生自大。有時候，又說李先生不採納他的建議，以致生意上受到了一筆損失。有時候，又說李先生所介紹的職員，是李先生有意安插在他們商業機構的間諜。有時候，甚至說李先生對他的妻子，不懷好心等等。諸如此類，不是無中生有，就是小題大做。總之，王先生就是不斷地製造藉口，安排機會，設法去激怒李先生，引起彼此之間的爭吵。

在最初的時候，李先生總是容忍退讓的。李先生很看重大家的合作，同時也很看重彼此之間多年的友誼。每一次，他都不跟王先生計較，好言相勸，或者一笑置之。但是，這種事情，次數多了，日子長了，李先生就受不住王先生的刺激，失掉冷靜和耐性，逐漸也就對王先生發生反感，氣憤難平。就這樣，這兩位好友之間，經常發生爭執，裂痕漸深，終於不得不分手。

當然，李先生對於這種情形，是非常悲痛和惋惜的。他想到他們兩個過去的深交厚誼，總是感慨萬千，黯然神傷。他固然不滿王先生所為，同時，也埋怨自己的不善處事，無法挽救分裂危機。在長期爭吵的過程中，李先生自然也免不了有說錯、做錯的時候。李先生談錯的話，做錯的事，自然更被王先生，加以利用加以擴大，使李先生以為自己也有很多不對的地方了。

可是王先生呢，他對於這一次的分裂、散夥，卻是非常開心，非常高興。因為這是他的預謀。他老早就暗中計畫要跟李先生散夥。他老早就安排了他獨自經營的計畫。他預料到他們的生意大有前途，他想獨謀其利。但是，他也知道他的安排，他的佈置，是對不起他老友的。於是，他就有意地製造藉口，安排機會，來跟李先生爭吵。就這樣，他就把分裂、散夥的責任，轉移到李先生的身上。

從王先生事件中，我們又可以看出另一種心理現象。有許多人，當他自知有點對不起別人的時候，他總希望把責任轉移在別人的身上。有時，他是無意地這樣做。有時，他是有意地這樣做。在許多時候，他的有意和他的無意，互相混雜，很難分清。但無論如何，我們都是不宜跟這種人爭吵的。對於王先生這種人，我們應該怎樣呢？

實際上，王先生這種人，是比較難對付的。因為王先生這種人，可以說是見利忘義的人。他的無中生有與小題大做，主要的是由於一種心機，由於一種陰謀。

對於這種如此重視個人的利益、私心如此強烈的人，是很難用感情來打動他的。雖然不能說絕對沒有可能，但這種可能性實在很小。雖然如此，對王先生這種人，也仍然要竭力保持冷靜，不宜跟他爭吵。否則，就一定要上他的當。只有竭力保持冷靜，竭力避免跟他爭吵，才能揭露他的推卸責任的陰謀。只有竭力保持冷靜，才能充分暴露他的無中生有和小題大做。

問題是很清楚的。假如一個人在那裡大吵大鬧，而另一個人卻毫不為所動地在那裡擺事實講道理，那個大吵大鬧的人一定會失掉別人的同情，而且他也沒有理由，沒有藉口繼續吵鬧下去。

一次如此，兩次如此，次次如此，他的不懷好意的企圖，就無法實現。如果他一定要做那件對不起人的事，他也是理虧的。明明理虧的事，做起來就沒有那麼順手，也不得不有所限制。在這種情形之下，我們在道德上是佔上風的，不會無緣無故地讓別人給我們背上「黑鍋」。即使會受一些損失，損失也有限度，當然，假使情況良好，也有可能挽救原有的良好關係。

必不可少的防騙術

在商業活動中，為什麼欺詐行為防不勝防？儘管各個公司採取了一系列措施，但成效並不理想。對此，不少人做過各種分析。我們認為，人們大都忽略一個重要因素——沒有提高識別，應對欺詐行為的能力。

行騙者與受騙者是對立的統一。世上沒有行騙者，哪會有受騙者；而沒有受騙者，行騙者也沒有立足之地。巴爾扎克曾說過：「傻瓜旁邊必須有騙子。」這話並不一定說凡受騙者

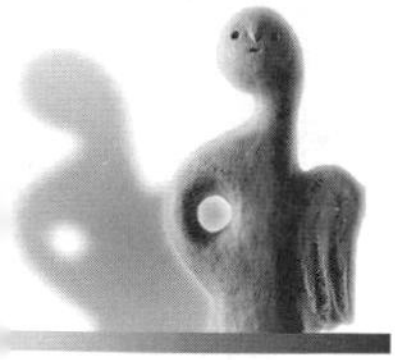

都是傻子，但這話卻講出了騙人的與被騙者之間的辯證關係。人們之所以受騙，總有其受騙的原因，或者說，受騙是由於沒有必要的防騙能力。因此，要想不受騙，就必須提高你的防騙能力。

概括來說，要想制止假冒欺騙活動，僅靠國家加強立法是不夠的，關鍵在於提高廣大人民的防騙能力。如果廣大人民都提高了防騙能力，則假冒欺騙活動，必會處處碰壁；如果行騙者成了過街老鼠，人人喊打，騙子就會失去生存之地。因此，提高防騙能力至關重要，這不僅有利於你自己不受騙，而且也是改變社會風氣必不可少的條件。

什麼是防騙能力？簡單來說就是防止、避免受騙的能力。這種能力，我們是從思維方法、科學方法論的角度講的。並不是指一些具體識別各種商品真偽的能力。例如銀行行員識別假幣，酒廠技術員識別假酒的能力，那是各行各界的專業人員具有的專門能力。我們這裡要講的是在正確思維方法指導下防止受騙的能力。

現在要問：受騙能夠防止嗎？我們的回答是肯定的。一個人只要深入調查，思考，不為小利所動，並能嚴格按照規則辦事，就可以防止受騙，或者說可以少受騙，避免受大騙。

房地產業在香港可稱最大的交易。有一次，某公司到香港與某大廈的賣主接觸，開始整座樓房的開價是一億七千八百萬港幣，買方認為偏高，經過幾次洽談，雙方各持己見，於是商定第二天下午繼續談判。隔天，他們在一間會客室商談。忽然有幾個大亨打扮的人走進來，神秘地與樓房賣主說話，雖然聲音壓得很低，但仍可以聽見說的內容，請賣主將樓房價格降到一億八千萬元成交。賣主將來人打發走之後，對買方人員說：「剛才說的話，你們可能聽到了，他們開價一億八千萬我都不答應，而給你們一億七千八百萬，這是考慮到我們已洽談多次，而你們的誠意我們又深刻體認到，所以我們應表現一點退讓的。」因為買方早聽說有買樓房被詐騙之事，所以看到港方的活動，仍不為之所動，經事後瞭解，來的幾個大亨原來是賣主一方的人，這是他們僱請的掮客，以此誘騙買方上鈎。

買方到香港去買樓房，與賣主進行談判，雙方關於價格問題各持己見。在談判過程中，來了幾個大亨裝作買主，其實是演戲讓買方看的。因買方事先聽說有賣樓房詐騙之事，有所防範，才未上當。由此看來，在與他人交易過程中，如果事先有思想準備，能時時事事提防，則可有效地防止受騙。

要防止受騙，還需要具有一定的識騙防騙能力。騙子騙人要掩蓋其騙人的真面目，總是以某種假象出現；然而，假象也是事物本質的表現。在商業活動中，騙子也不過如此，假的

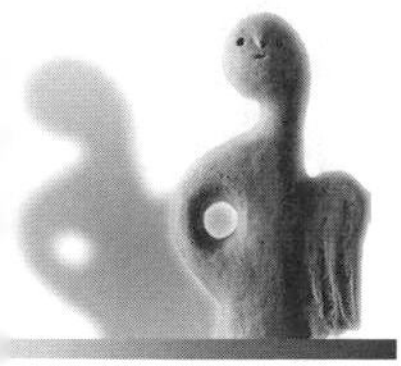

總是假的，再高明的騙子也是有漏洞可察的，何況有些騙子並不高明。要防止受騙，一是要有一定的警覺，有較高的防騙意識；二是由於要有一定的識騙防騙能力，採取調查訪問的方法，弄清事情真相。這種防騙能力，並非有多麼高明，這是人人可以做到的。

交涉中別被整

《增廣賢文》中有句名言：「害人之心不可有，防人之心不可無。」用現代人的觀點來看，似乎可以這樣來理解，人人在工作、謀生的圈子裡都有可能遇到種種「陷阱」，而這些「陷阱」足以挫敗人的成功熱情。特別是在某些行業，明裡拉幫結派、互幫互助，暗地裡互相拆臺、搞小動作的現象屢見不鮮。雖然我們未必會去設「陷阱」害人，但是如果要保護自己，就必須連別人也考慮進去，以防可能會出現的麻煩。

的確，「害人之心不可有」，因為害人會有法律和道德上的麻煩，而且也會引發對方的報復；如果你本來是「好人」，害了人反而會引起良心上的愧疚，實際上對自己的傷害更大。然而，在社會上光是不害人還不夠，還得要有防人之心。尤其同事之間存在著競爭利害關係，在想擴張他的欲望，或欲望擴張到有危害的時候，「善人」也會在利害關頭顯示出他的「惡」。假如有人為了升遷，不惜設下圈套打擊其他競爭者；有人為了生存，不惜在利害關頭出賣朋友……與同事相處，你要時刻提醒自己，周圍有小人，明槍易躲，暗箭難防。古往今來，多少仁人智士，因其才能出眾，技藝超群，行為脫俗，招來別人的嫉妒、誣陷，甚至丟了性命。

在某公司的技術部門裡，雲揚與亮軒是很要好的朋友。他們原是中學同學，後來又進了同一所理工大學，他們既是同學關係又是同事關係，所以兩人都很珍視這份緣份。後來，公司要在他們部門裡選一位中階主管，消息傳開後，部門裡的人都議論紛紛，都希望自己人選。但後來傳出內部消息，上層主管主要在考察雲揚與亮軒。他們倆的能力都很突出，尤其是雲揚，能力強，為人正派，在群眾中的口碑也不錯。

幾天後結果下來了，令大家吃驚的是，中選的不是雲揚，而是亮軒。大家想不通是怎麼回事，但亮軒心裡最明白。原來，在亮軒得知選拔是在他與雲揚之間進行時，私欲極大地膨脹起來，他暗下決心，一定要把雲揚幹掉。他明白，如果搞公平競爭，自己絕不是雲揚的對手，他只能靠小動作取勝。於是，他四處活動，在上司面前極盡諂媚之能事，除大大誇張自己的能力外，還處處給上級主管一個暗示——雲揚有許多缺點，他不適合這份工作。亮軒與雲揚相處多年，要找出雲揚一些工作上的失誤毫無困難，加上亮軒又編造了一些似乎很有說服力的證據。因此在亮軒的陰謀活動下，他終於把雲揚給擠了出去。

在成為同事之前認識或者是朋友的，當成為同事之後，這種關係是最不好處的，因為相互都知道對方的底，很容易就會揭發一下對方的弱點。所以處於競爭中的同事，必須時刻小心提防，特別是對知道清楚老底的「朋友」更要防一手。正如雲揚的遭遇一樣，他處於一種「防不勝防」的被動而尷尬的境地。

其實，他沒有弄明白在這種情況下，只有進攻才是最好的防守，若一味防守，成為受害羔羊的無疑就是你。所以有許多人即使是再好的朋友，也不願意進入同一家公司成為同事，尤其是那種潛伏著利益衝突的同事。朋友好做只要大家合得來就行，而這個同事關係的確難處，因為其中充滿了勾心鬥角。做朋友時有來有往，協調得非常好。當帶著朋友的關係進入同事角色之後，由於種種原因，相互的心態可能會發生巨大變化，而這種變化只能有一個結局，那就是損害了以前良好的朋友關係，而這種關係的損害，不是因為由人精神昇華而產生的，卻是因為對利益的爭奪而形成的，這多少有些叫人寒心。所以，有許多人寧肯做一輩子與利無爭的朋友，也不會去做利益豐厚的同事。

與同事交往，也要謹以安身，避免成為別人攻擊的目標。有些人生性喜歡玩弄權術，對付這種人，千萬別認真，否則，只會白白讓自己生氣，叫對方暗自得意。碰到這種人可採用一種以退為進的策略，因為這類人多數是以聲勢取勝，凡事「大聲疾惡」，誓要將小事擴大。

同事間和平相處，團結合作固然會令人在工作中輕鬆愉快，但是人心隔肚皮，作為上班族，待人處世時多一個心眼是極有必要的。下面幾條規則，對你在交涉過程中防備「不可測」的同事有很大幫助。

1.**辦公室不可隨便交心**：在現代競爭十分激烈的社會中，正人君子有之，奸佞小人有之；既有坦途，也有暗礁。在複雜的環境下，不注意說話的內容、分寸、方式和手段，往往容易招惹是非，授人以柄，甚至禍從口出。人只有踏踏實實地工作，努力適應環境，才能改造環境，順利地走上成功之路。因此，工作中說話小心些，為人謹慎些，儘量避開生活的禁區，使自己置身於進可攻、退可守的有利位置，牢牢地把握人生的主動權，無疑是有益的。況且，一個毫無城府、喋喋不休的人，會顯得淺薄俗氣，缺乏涵養而不受歡迎。

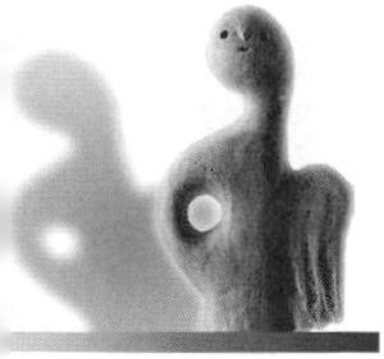

2.注意保護自己：在部門中，有時同事之間為了各自的利益，往往會互相猜忌，爾虞我詐。身處這種環境，就有如深入敵後孤軍作戰一樣，而孤軍作戰的最高原則就是「保護自己，消滅敵人」。許多在工作上力爭上游的同事，很注意將對手打倒，卻不善於保護自己，這是不足取的。一方面要友好競爭，一方面也要在眾人的競爭中保護自己，在勢單力薄的情況下，要夾緊尾巴做人，千萬不要露出有某種野心的樣子，成為眾矢之的。俗話說：「不招人忌是庸人。」但招人忌是蠢材。在積極做好自己本職工作的時候，最好擺出一副「只問耕耘，不問收穫的超然態度。」

3.不要馬上安慰被主管當眾責備的同事：當同事在全體同仁面前公開被責備時，他所受到傷害是很令人同情的。被罵的人也一定是怒火中燒，痛恨主管在眾人面前給自己難堪。這種情況下，馬上去安慰他，一定會引起主管的不滿，甚至引火焚身。所以此時說什麼話都不妥當，最好是保持緘默，然後在工作之餘把同事約出去吃頓便飯或進行其他形式的娛樂，轉換一下他的心情。這樣做，既不會引起主管的不快，還可博得同事的信賴。

4.切勿自揭底牌：在辦公室內，不論你平時表現得如何親切，有時也會無端地被人當成敵對的目標。所謂：「不招人妒是庸才」，所以你也不用把這些不快之事放在心上。同事間能和平相處，自然是最好不過，但如果敵意不可避免，便要小心應付，尤其對手是公司的元老時更要留意，因為他的工作能力或許不及你，但對公司的瞭解，對人事之間的微妙關係，則勝出你許多。在這時最重要的是不要讓他知道太多有關你的資料，包括你的背景、學歷、進修情況，與各部門主管的關係及手上工作的進度等。你的底細讓對手知道越少，他越不敢無端地與你過不去。

不念舊惡有無可能

小陳調職了。新部門中有一位同事是小陳的大學同學，兩人在業務上有直接關係。小陳很高興，以為有同學在對新環境的適應和工作的配合大有助益。誰知事情非小陳所想像的那樣，那位同學雖然表面上和小陳很熱絡，但工作上卻一直有意無意地作梗，不是挑毛病，讓案子擱淺，就是故意提示錯誤的資訊，讓小陳走了很多冤枉路。

小陳既氣惱又困惑，請那同事吃飯，他又拒絕，後來，託其他同事去瞭解，才知道，原來在二十年前，小陳在言語上得罪了那同事，如今狹路相逢……。

小陳的同事把這言語上的得罪記得那麼久，那麼深，也真不容易！也許你會說：君子不念舊惡！這是對君子的要求，也是君子的標準，但事實上，如果用「不念舊惡」來要求君子或衡量君子，那麼這世界上就沒幾個君子了！也就是說，「念舊惡」是一種人性自然的現象，和是不是君子是沒有關係的。因此一個人是不是「念舊惡」應從性格來瞭解，而不是從道德來衡量。不過，為何人會「念舊惡」，這才是我們應該去加以瞭解的。

首先，我們要瞭解何謂「惡」，簡單地說，「惡」就是傷害了他人尊嚴（面子）及利益的行為。「惡」的標準因人而異，有的人標準寬，宰相肚裡能撐船，有的人標準窄，芝麻小事也記恨在心。但通常的是，有的人對某些事不在乎，別人眼中的芝麻小事他卻又難以釋懷；有的人看似心胸狹小，但有些事卻又「肚大能容」。也就因為如此，我們在與人交往時，常不自知地得罪人，而且得罪了，自己也不知道。這種得罪就是此處所說的「惡」。

一般來說，隨著環境的改變及年齡的增長、心境的變化，這些「惡」會從心中淡去或消失，但我們必須瞭解一些事實：有些人固然「不念舊惡」，有些人則否，甚至有些人不但「不忘舊惡」，還會因個人因素，如失戀、挫折的刺激和對對方的嫉妒，反而越發對當年的「舊惡」難以釋懷。這種不可測的心境變化，才是「惡」所引起的危險所在。

不過，除非此「惡」極大，否則會讓人一輩子耿耿於懷的可能性不高。而本文討論的也不是「大惡」，而是每個人都有可能犯的「小惡」。

一般來說，絕大多數的人對「舊惡」的反應是這樣的：不想沒事，一想心裡就有個疙瘩。假如這個疙瘩沒有消除，會成為自己和對方相處的阻礙，就算自己有意不計較，也總覺得有失立場，因此一定會在恰當的時機「消消心頭之恨」，報個小仇，以取得心裡的平衡。有的人「報仇」意思到了就好，有的人則非連本帶利不可，像小陳碰到的就是這種情形！

基於上面的分析，我們就可瞭解，為何有人做人處世強調「圓融」，一句話一個動作，都要思慮再三，為的就是不希望不明不白地得罪他人。有時候，讓我們吃虧的不是大得罪，反而是小處讓人不愉快呢！

有些傷害了別人利益和尊嚴的事，不是我們能預料得到的，因此與人相處有必要格外注意。當然，也沒有必要因此讓自己手腳綁住，不敢說也不敢動，但無論如何，要人「不念舊惡」是不必奢望的！

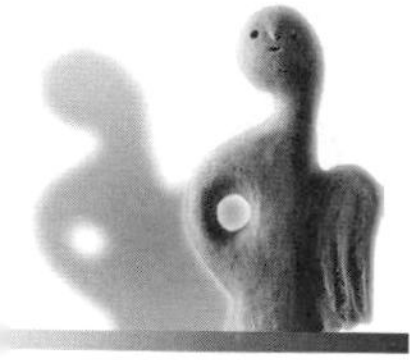

朋友

翔宇和明豐二人是大學同學，感情不錯，畢業後，二人甚至在同一部隊服役。二年後退伍，翔宇先找到工作，明豐則不甚順利，到處碰壁，翔宇伸出道義與友誼之手，把明豐拉進自己的公司，成為同事。過了一年，翔宇離職創業，明豐也到別的公司任職。

翔宇的創業，成績並不理想，任何人一看都知道結束營業只是時間問題。很多朋友替翔宇擔憂，並且認為明豐應拉翔宇一把。碰巧明豐的公司有一不錯的職位空缺，很適合翔宇，明豐問了翔宇的意願，翔宇很高興自己的危機有了轉機，答應去明豐的公司上班。

誰知等了一個月，消息全無，翔宇按捺不住，打了電話找明豐，原來明豐自己坐上了那個位子……。

明豐的「解釋」是：「我本來不要，也推薦了你，可是上面堅持要我……」隔了半年，翔宇才在一個偶然機會中，從明豐的同事口中知道，當初明豐根本沒有把翔宇的個人資料往上報。

有人說，大學時期建立起來的友情最珍貴，也最不易變質。這種說法是對也不對，說它

「對」是因為大學時期彼此沒有利害糾葛，往往能坦誠相見，所以比較知心，友情也比較長久。所以很多人的老朋友都是大學同學。反而踏入社會後才認識的老朋友比較少，這是因為踏入社會後才認識的很多是事業上的朋友、利益上的朋友，這種朋友較難知心，要成為老朋友不容易。但這話也有不對之處，道理在於，求學時期因為彼此沒有利害上的考驗，固然雙方可以交心，但卻缺乏免疫力，因此一踏入社會，面對利害，有的友情反而更強固，有的卻脆弱得應聲崩潰！

這個故事中翔宇和明豐的「友情」就是屬於後面那種，明豐顯然經不起利益的考驗！其實人們也沒有必要對明豐苛責，因為他的選擇固然違反了朋友間的道義，卻符合了求生存的最高原則——自私！

我並不是說所有自私的行為都是可以諒解的，而是強調「自私」是我們對人性應有的理解，若對人性抱持一相情願的樂觀期待，自己將不免大失所望！

不過，明豐的作法也有可議之處：他表面上替翔宇安排新工作有兩個用意。第一個用意是還他當年被翔宇的提攜之情，第二個用意是對其他關心翔宇的朋友有個交代。

這種做法或許一開始是真心的，只是後來變了質，但不管怎麼說，手法並不高明，因為

明豐再怎麼解釋，翔宇都不會相信；或許兩個人不會翻臉，但至少友情已經走了味，不若大學時期真誠了。或許明豐早有放棄這份友情的準備，利益當前，友情算什麼呢？

這個故事應不是特例，而是通例。也就是說，面對利益時，人的任何感情都在接受考驗，連親情也是如此！因此我們應有一個認知：人心是時時刻刻在變化的。也唯有抓住這「不變」的真理，才能適然面對人心的「多變」，也就不會因為人心的變異而生出苦惱怨怒了。翔宇看來要失業一段時間，什麼時候才能東山再起，也只能看他自己了，因為別人是不能依靠的，尤其是在倒楣的時候。

無法想到的事情

林先生從事汽車修護工作，因為已年過三十，很想創業，經過考慮，打算回老家開一汽車修理保養廠。奈何構想雖佳，卻無妥善地點，後來想到自己的舅舅在大馬路邊有一塊閒置的空地，便和舅舅商量，打算承租，舅舅欣然應允。林先生和舅舅談租金和租期，舅舅說：「自己人，隨便啦！」林先生便告以心目中的租金和租期，舅舅仍回：「自己人，隨便啦！」於是林先生便雇工前來整地，鋪設水泥，並搭上鋼架，打算二個月後正式開幕。誰知此時舅舅來一律師函，附上租約，上面白紙黑字：租金變成兩倍，租期縮為一半，保證金也水漲船高。林先生看了，簡直是欲哭無淚……。

林先生欲哭無淚，旁人大概是欲說無言吧！我們實在不能不對林先生舅舅的手法「歎為觀止」，因為他使的正是「養、套、殺」的手法：

第一步：以舅甥的親情做煙霧彈，並抓住林先生急於創業又找不到合適地點的弱點，故意製造「錢的事好談」的假像，讓林先生「不疑」，雇工進行整地，這就是「養」。

第二步：林先生的舅舅始終不談租金與租約，一直到林先生把地整好，花了一筆資金，才正式提出條件，林先生因為已投下資本，面對舅舅提出的條件，答應不是，不答應也不是。這就是「套」，把對方「套牢」。

第三步：既然已把林先生「套牢」，林先生的舅舅已佔有絕對有利的位置，愛怎麼開口，就怎麼開口，林先生則毫無回手能力，只能任憑宰割，這就是「殺」！

當然，林先生也可以有「對策」：

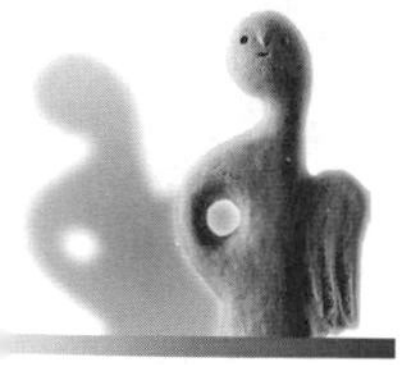

第一步：拆！把地上建物拆掉，恢復土地原狀。不過如果他舅舅要追究林先生「擅自使用該土地」的法律責任，則此事不一定能善了。而無論如何，拆掉地上物，錢又要花一筆是可以確定的。

第二步：拖！邊談邊拖，不過，林先生的舅舅如果要求限期談妥，則林先生也無抵擋能力，甚至還要接受更高的價碼。

所以，林先生幾乎是沒有任何勝算，只能任他舅舅「宰割」，除非他舅舅「良心發現」！不過看來不可能，因為他下重手，已為自己戴上「現實、寡情」的帽子，若有所退讓，那頂帽子仍然存在，人們不可能因為他退讓而改變對他的觀感，所以對林先生的舅舅來說，怎麼做都已留下「惡名」，那麼就不如「惡」到底。

這個故事很令人心寒，因為人性的貪婪在此顯露無遺；這個故事也很令人遺憾，因為「舅甥」之情，在金錢的力量之下，竟也是脆弱得不堪一擊！

不過，這個故事也給了我們一些啟示：說的不算，寫下才算。空口無憑，白紙黑字。口說無憑，若有約定，應該要有文字記載。尤其是關乎雙方利益的契約行為，必須先講明條件，簽名蓋章，才可進行下一步的動作。別因為雙方是「親戚」、「好朋友」就「說了就算！」，要知道，對方若變了想法，你是呼天搶地都沒有用的。「寫了才算，白紙黑字！」不只是保障自己的利益，也可避免自己改變想法，造成毀約，壞了二人的親情，所以，這也是尊重對方的一種做法。

在利益面前，親情是經不起考驗的。這樣子說並沒有否定親情價值的意思，而是我們要承認一個事實：親情因利益而變質是有相當大可能性的。所以，要想在社會上立足，絕對不要抱著「靠親人幫忙」的想法，那不是長久之計，而且，「親情」有時候還是一粒糖衣毒藥呢！

小心美色的陷阱

「美人計」是用軟刀子制伏敵人的一種有效方法。在現代激烈的競爭中，美人計實際也成為某些商人們不擇手段、唯利是圖的慣用計謀，私心妄念多一點，就有可能落人網中。

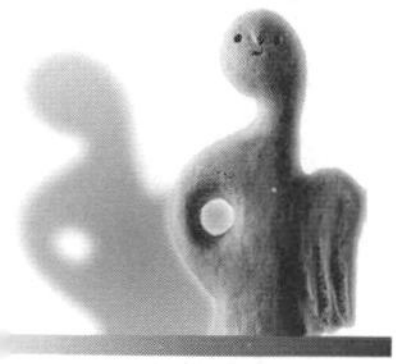

某日下午，一個妙齡女郎用嬌滴滴的聲音在電話中向一家高級飯店服務員預訂了房間。深夜十二點左右，一位絕色佳人僅帶著一隻手提包出現在前廳，自稱是白天訂房的客人，她照章預付了租金後，請了一名男侍者帶她到預定的房間。她邊走邊和侍者搭訕，一反剛才故作高雅的姿態，顯露出風騷的表情，挑逗得老實而幼稚的侍者有點神魂不定。他依照工作程序向這位女客人說明了電燈開關位置，冰箱和冷暖氣機的使用方法之後，剛要離去，那個女人嗲聲嗲氣地說道：「多謝您的照顧！現在夜深了，你的事大概也忙完了，能和我聊會兒天嗎？我熱得實在睡不著。」侍者手足無措地說了句：「飯店有規定，不允許我這樣，對不起，失陪了！」便要出屋。突然，那女子的玉臂挽住了他的手：「你真好！我看見你的第一眼就心動了。要不你忙完了，再到我房裡坐坐，今天夜裡我就在這兒等你，你一定要來啊！」侍者對美貌女郎的調情驚訝不已，支支吾吾後，便飛也似地從客房裡溜了出去。

午夜過後，忙過了一陣子，那侍者到值班室休息抽煙。在吞雲吐霧中，忽然想起那美人兒。剛才忙得暈頭轉向，已經忘了這件事，現在腦海中總有她賣弄風情的影子晃來晃去。侍者暗自想：「她那樣勾引大概不是出於真心，怕是想捉弄人吧。」他越想越情不白禁地要弄個究竟。

侍者躡手躡腳地走到那女子房間一看，不覺吃了一驚：房門虛掩著，從外面望進去，可以看見那美貌女郎，穿著鮮豔的睡裝，酥胸微露，斜倚在大床的靠背上，正目不轉睛地向門這邊看著。當那女子看準是他之後，馬上顯出高興的樣子，向他招手，嘴裡還不停地說：「一直等著你呢！」侍者心想：難道她真的在等我？猶豫了片刻後，終於悄悄地溜進屋去。

剛一進門，那女子就迅速地鎖上了房門，口裡嘟噥著：「真叫人等好久啊！」說著，一把摟住他，翻倒在床上這位一向老實的侍者，在妙齡女郎肉感的誘惑下，也無法控制男子漢的本能了。那女子喃喃地催促著：「快點快點。」隨手將早就放在桌上的剪刀硬塞到侍者手裡，「行啦，我等不及了。」就用剪刀把衣服從下往上「嘶」地一剪，不等侍者從困惑中醒過來，她已經用手把著他提剪刀的手，開始「嘶啦嘶啦」地剪了起來，事已至此，服務員便一口氣把女子上裝的前身全剪開了，然後自己的上衣甩在地毯上……。

不料此時，那女子卻偷偷地鬆開手，按下床頭櫃上答錄機的錄音鍵，並抄起床邊的電話聽筒，撥通了夜間值班室經理的內線電話，大呼：「XX房間有流氓！強姦啊！救命啊！」說完，便摔掉聽筒，一把扭住侍者的手腕，當經理急匆匆地趕到房間時，侍者茫然地呆立著。美女胸前的衣服被剪開了，正發瘋似地喊著：「快抓住這個色狼！他要對我非禮。」

「由於一時馬虎，好像是忘了鎖上房門。我正睡得迷迷糊糊的，這個人闖了進來，襲擊

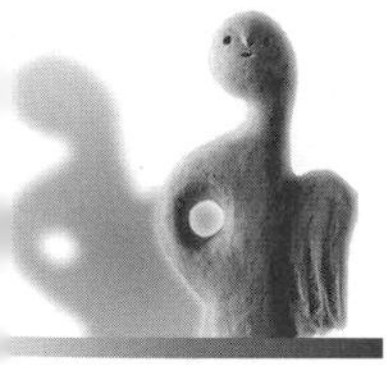

了我，還用這把剪刀，就這樣……現場你們都看到了。這個流氓是你們店的服務員嗎？你看怎麼辦吧！」

經理受了這頓搶白，怒氣衝衝地對幹了混帳事的服務員追問道：「喂，這到底是怎麼一回事！」

「完全是一派胡言，是她主動勾引我，又將這把剪刀硬塞給我，強行讓我剪開她的衣服。」

「你說什麼？你這不知羞恥的壞蛋。」那女子愈發火冒三丈起來。

經理對下屬瞭若指掌，經初步斷定，這個一向老實的侍者絕不敢做出這種事來，這裡面定有什麼蹊蹺，便一面誠懇地道歉說：「唉！真對不起您了。」一面又勸慰激動的女郎：「不管怎麼說，今天夜裡已經太晚了，我們還要向這個職員瞭解事情的原委，明天早晨再拜訪並協商處理辦法，現在請您先休息吧！」

女郎似乎怒氣未消：「經理先生，這種精神上、肉體上的打擊我實在無法忍受，而且這套法國巴黎高級時裝店最好的禮服也被剪成這個樣子，簡直難以置信，這一切是你們這家第一流飯店的職員幹的！我一定要起訴，索賠！」

經理再三道歉：「實在讓您受委屈了，明天我們一定給你一個滿意的答覆。」忙亂中，他根本不知道這一切已經原原本本地錄到了磁帶上。

回到自己的房間，經理向侍者詢問了事情的全部過程，又讓飯店保全人員連夜進行調查，瞭解到那女郎就是附近一個中等俱樂部的服務員。此刻，他對事件的原委已經明白了八九分，當即把想法報告了總經理。原來那個俱樂部因為管理混亂，經營不善，服務水準太差，生意清淡，幾乎要倒閉，而俱樂部的經理認為連年虧本的原因是這個一流飯店搶了他們的生意，多次派人上門找麻煩，這一次竟用了「美人受辱計」，想達到不可告人的目的。

第二天早晨，妙齡女郎果然威脅飯店經理，要到法庭告狀，並讓記者曝光，而且還提出了一筆令人咋舌的賠償費用。飯店經理斷然拒絕：「我們不可能接受你無理的要求，悉聽尊便，請到法庭上見吧。」女郎氣衝衝地離開了飯店。

不出所料，俱樂部的經理下午打來了電話：「聽說你們店裡昨晚出了點麻煩，要是醜聞讓公眾知道了，恐怕對你們不利吧！」

「貴經理的消息真靈通啊！不過，我們不在乎。」

「實話告訴你吧，那個女子是我派去的。如果貴店不想讓事情鬧大，就如數付款吧。」

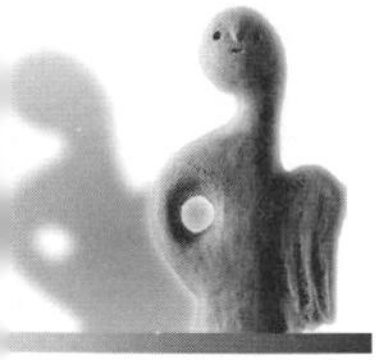

「如果我們否認此事，你拿得出證據嗎？」

「我這裡有當時的全部錄音，要放給你聽聽嗎？」

於是，一場敲詐與反敲詐的商業糾紛開始了。

古人有云：「聲色犬馬，皆人之欲。」歷史上的唐明皇因過分沉溺於美色之中，不理國事，險些斷送大唐江山。關於欲念上的事，絕對不能跌入其中，否則一旦貪圖美色，便陷入萬劫不復的深淵而不能自拔。一個人應該有自制的能力，能夠抵抗欲念的誘惑。

常言道：「英雄難過美人關。」人生中要經過幾道關口，其中美色關是最難過的一道關口。品質高尚、自制力強的人一般能夠從容跨過，而意志薄弱、思想素質差的人，就往往會在這上面栽了頭。

因此，「美人計」就成了用軟刀子殺人的一種特殊的方法。自制力不強或防範意識不高的人往往成了刀下鬼。落入別人的圈套當中，不僅把自己弄得身敗名裂，而且一損再損，整個公司部門也跟著倒楣。

所以，在美色這片「地雷區」面前，可千萬應該小心啊！否則，會吃大虧的。

克服自己的弱點

人們在社會交往和協調人際關係的過程中，常常會暴露出自身的個性弱點，尤其與同事交往中更是如此，因為同事間相對來說工作接觸多，交往頻繁。在與同事相處時怎樣才能克服自身的個性弱點，成為交際高手呢？下面幾點是需要掌握的：

1.克服難堪：公開地被同事羞辱並不是一件可笑的事，也不是一件小事。當感情被傷害時，大多數人會感到憤怒、口吃、或臉紅。但是，這裡還有另外一種選擇，就是理智地站在那裡，控制局面。管理者不要用太多的時間來考慮為什麼別人要對自己使壞。有些人故意使你難堪，是因為他們受到威脅，或是懲罰你過去曾對他們做過的事。還有些人是習慣使人難堪，並不關心他們羞辱的對象。佛羅里達州立大學心理學家巴里・施倫科說：假定這些使人難堪的人有秘而不宣的動機，是不對的。有可能這些人在沒有認識到時就傷害了你。當你指出他們的胡言亂語時，這些冒犯你的人一般都會禮節性地向你道歉。如果你受到同事的傷害，不要報以刻薄的誹謗，而是對他說明你的感情受了傷害。如果這個人繼續使你難堪，你就會認識到這個人已經很難使你信任了。下一次如果還有人使你難堪，你就可以採取比較強烈的措施，可以當場中止他對你的傷害。對他說：「你真要使我難堪嗎？你能不能告訴我，你這樣做是為什麼？」或者說：「你看起來失

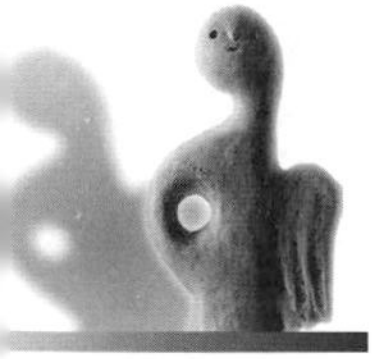

去了理智，你是否對我做的什麼事感到不愉快？」不管說些什麼，一定要避免發脾氣。失去自控，會使冒犯你的人佔上風，會使他們對你更加仇視。

在生活中，面對複雜的社會，運用最好的方法是機智和幽默。曾有兩位作家舌戰的典故。其中一位作家剛剛寫完了一本書，正在接受同行們的恭維。另外一位作家在他們的談話中聽出了什麼，就站起來說道：「我也喜歡你的書，那是誰替你寫的？」這位作家說：「我很高興你喜歡我的書，那是誰替你讀的呢？」的確，在使你難堪的情況下保持優雅的風度，才是真正的報復。

2.避免誤解：在日常交往中，經常出現自己說的話被別人誤解的時候，怎樣才能不被別人誤解呢？

(1)儘量少用話中有話的句子：例如，有人說的三句話都是話中有話，弦外之音。第一句「該來的不來」，使人想到「不該來的來了」。第二句「不該走的又走了」，言外之意「該走的沒走」，第三句「該來的沒來，不該走的又走了」，話中話是其他人既是不該來的，又是該走的。

(2)不要隨意省略主語：在一些特殊的語境中，是可以省略主語的，但這必須在交談雙方明白的基礎上，否則隨意省略主語，就容易產生誤解。

(3)注意同音詞的使用：同音詞是語音相同而意義不同的詞，在口語表達中脫離了字形。所以同音詞用得不當，就很容易產生誤解。

(4)少用文言文和方言：同事之間交談時，除非有特殊需要，一般不要用文言文，過多地使用文言文，容易造成對方的誤解，不利於感情交流和思想的表達。

(5)說話注意適當停頓：書面語借助標點把句子斷開，以便使內容更力具體、準確。在口語中我們要借助停頓，使自己的話更明白、動聽，減少誤解。

3.**擺脫煩惱**：美國著名工程師卡利爾發明了一種擺脫煩惱的方法，共分為三個步驟：第一步，平心靜氣地分析情況，設想已出現的困難可能造成的最壞結果。面對當時的情況，我想再壞也不至於坐牢，頂多丟掉飯碗。第二步，對可能出現的最壞後果有了充分估計之後，應作好勇敢地把它承擔下來的思想準備。應對自己說，這一失敗會在我的一生中留下不光彩的一頁，從而影響我的晉升，甚至丟掉工作。可是即使在這裡把工作丟掉了，還可以在其他地方找到事做，這沒有什麼了不起的。第三步，等心情平靜之後，即應把全部時間和精力用到工作上，以儘量設法排除最壞的後果。只要我們能冷靜地接受最壞的情況，那麼我們就沒有任何東西可以失去了。這自然意味著我們只會贏得一切。

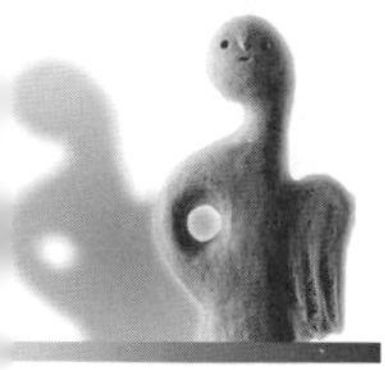

卡利爾說：「當我準備心甘情願領受最壞的結果時，立即就會感到輕鬆了，心中出現好多天來從未有過的平衡，於是我又能正常地思考了。」

4.**避免偏見：**有許多事情單靠親身體驗是解決不了的。這種情況下，大部分的人只憑主觀判斷，而往往自以為千真萬確。下面的方法可以使你覺察到你的偏見。

(1)如果截然相反的意見會使你大動肝火，這表明，你的理智已失去了控制。假如有人堅持認為二加二等於五，或者冰島在赤道上，你根本不會發怒，只是對其無知感到惋惜，只有那些雙方都沒有令人信服的證據的事情，爭論才會激烈。因此，無論何時都要注意，別聽到不同的觀點便怒不可遏。通過細心地觀察，你會發現你的觀點也不一定與事實相符。

(2)如果你的想像力很豐富，那你不妨假設一下自己與持不同觀點的人進行辯論。這種方法不受時間和空間的任何限制。在這種假想的辯論中，有時你會發現，對手的觀點比自己正確，於是，自己改變了原來的武斷看法。

(3)不要過於自大。無論男女，十有八九深信自己比異性優越，雙方都有充分的根據。實際上，這種問題也難定論。不過大部分人在這一問題上是自尊心在作怪。其實，判斷誰好誰壞這一問題並沒有絕對的標準。人類本身有一種過分的自尊。排除這種夜郎自大的心理狀態唯一的辦法是提醒自己：地球只是宇宙天體中一顆不足為奇的小星星，而我們生長在地球的滄桑變幻過程中只是一首瞬間即逝的小插曲而已。同時，還要提醒自己：宇宙間其他星球也可能存在著人類。

5.戰勝孤獨：每個人都有孤獨的時候，但並不是每個人都能戰勝孤獨。如何戰勝孤獨呢？

(1)戰勝自卑：總覺得和別人不一樣，所以不敢和別人接觸，這是自卑心理造成的一種孤獨狀態。和作繭自縛一樣，要衝出這層包圍著你的黑暗，必須首先咬破自卑心理織成的繭。

(2)與外界交流：當你感到孤獨的時候，翻一翻你的通訊錄，給朋友寫信或打電話，或者約朋友看電影、吃頓飯，都會使你減輕孤獨感。

6.克服失意：以下是三種「失意類型」的人：第一種是「自負型」。這類人優越感很強，期望很高，總想出人頭地，達不到目的就會怨天尤人。需要知道的是，他們的願望是不現實的。第二種是「自卑型」。這種人剛踏入人生旅途就遭到嚴重挫折，結果導致他們用凡事往壞處想的方式來對抗更大的挫折。第三種是「默從型」。這類人過分注重輿論，無論做什麼事都要先考慮：「我怎樣才能使人們說我好呢？」而結果往往適得其反。失

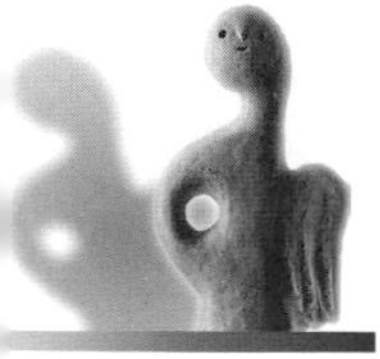

意與不滿，怨恨與煩惱的罪魁禍首就是過高的期望。因為在我們的文化中有一種普遍的看法，即認為如果我們決意去做某件事，就一定可以成功，這種觀點是不切實際和有害的。克服失意的關鍵是要清醒地認識到，並非所有的願望都能實現。我們的願望可能大大超出了事情的可能性，失意往往由此產生。管理者如何才能從失意中恢復過來？首先要承認你的痛苦，不要隱瞞起來。其次是設法超越失敗。最後，失意會變成一種積極的經驗，給我們一個聰明的教訓。失意能提醒我們修正過高的期望，使我們的一切願望盡可能地符合實際。

不做軟弱可欺的人

你感到經常受到壓制，被人欺負嗎？人們是怎樣對待你的？你是不是三番五次地被人利用和欺負？你是否覺得別人總占你的便宜或者不尊重你的人格？人們在訂定計畫的時候是否不徵求你的意見，而覺得你會百依百順？你是否發現自己常常在扮演違心的角色，而僅僅因為在你的生活中人人都希望你如此？你想改變這種處境嗎？

韋恩・戴爾指出：「我從訴訟人和朋友們那兒最常聽到的悲嘆所反映的就是這些問題。他們從各種各樣的角度感到自己是受害者，我的反應總是同樣的：『是你自己教別人這樣對待你的。』」玫爾來找韋恩，因為她感到自己受到專橫的丈夫冷酷無情的控制。她抱怨自己對丈夫的辱罵和操縱逆來順受。她的三個孩子也沒有一個對她表示尊重。她已經走投無路了。

她對韋恩講述了她的身世。韋恩聽到的是一個從小就容忍別人欺負的人的典型例子。從她性格形成的時期開始，直到結婚為止，她的行動一直受到她的極端霸道的父親的監視。沒想到她的丈夫「碰巧」也和她的父親非常相像，因此婚姻又一次把她推人陷阱。

韋恩對玫爾指出：「是她自己無意之中教會人們這樣對待她的，這根本不是他們的過錯。」她不久就理解了，那麼多年她一直是忍氣吞聲，實際上是自己害了自己，她的任務應當是從自己身上而不是從周圍環境來尋找解決問題的方法。玫爾的新態度就是設法向她的丈夫及孩子們表明：她不再是任人擺佈的了。她丈夫最拿手的一個伎倆就是向她發脾氣，對她表示嫌棄，特別是當孩子們或者其他的成年人在場的時候。過去她不願意當眾大吵一場，因此對丈夫的挑釁總是毫無辦法。現在，她要完成的第一個任務，就是理直氣壯地和她丈夫抗爭，然後拂袖而去，當孩子們對她表現出不尊重的時候，她堅決地要求他們有禮貌。

在採取這種更有效的態度幾個月之後，玫爾高興地向韋恩說：她的家庭對她的態度發生了很大的變化。玫爾透過切身經歷瞭解到，的的確確是自己教會別人怎樣對待自己的，三年之後的今天，她已經很少再被別人欺負、被人不尊重了。

玫爾還懂得，自己解救自己的關鍵是：用行動而不是用語言去教育人。如果你打算透一次冗長的討論來讓人理解你不願再受侵犯的重要資訊，那麼你得到的好處將僅僅侷限在你和欺負你的人之間的談話過程中，也許你還會和欺負你的每一個人進行多次「交流」，但是必須等到你學會了有效的行動方式，否則你仍然會受到煩擾。這就證明，你的表明決心的行動勝過千百萬句深思熟慮的言辭。

韋恩指出：「許多人以為斬釘截鐵地說話意味著令人不快或者蓄意冒犯。其實不然，它意味著大膽而自信地表明你的權利，或者聲明你不容侵害的立場。」托尼在和售貨員打交道時總是缺乏膽量。由於害怕售貨員不高興，他常常買回自己不想要的東西。他正在努力使自己變得更果斷一些。一次，他去商店買鞋，看到一雙自己喜愛的鞋，就告訴售貨員，他要買下這一雙。但是，正當售貨員把鞋裝進鞋盒的時候，托尼注意到其中一隻的鞋面上有一道擦痕。他抑制住自己當即萌生的不去計較的念頭，說道：「請給我換一雙，這隻鞋上有擦痕。」

售貨員回答道：「行，先生，這就給您換一雙。」這個時刻對於托尼一生來說是一個轉捩點，他開始鍛煉自己果斷行事。新的處世方法的報償遠遠超過了買到一雙沒有擦痕的鞋子。他的上司，他的妻子，以及孩子們和朋友們都感覺到，他變成了一個新的托尼。他不再是一味應承的了。托尼不僅更經常地得到己所欲求的東西，而且還獲得了不可估量的尊敬。

下面就是一些策略。你可以運用這些策略來告訴別人如何尊重你。

1. **盡可能多用行動而不是用言辭做出反應：**如果在家裡有什麼人逃避自己的責任，而你通常的反應就是抱怨幾句然後自己去做，下一次就要用行動來表示，如果應當是你的兒子去倒垃圾而他經常忘記，就提醒他一次。如果他置之不理，就給他一個期限。如果他無視這一期限，那麼你就不動聲色地把垃圾倒在他的床頭。一次這樣的教訓，要比千言萬語更能讓他明白你所說的「職責」的意思。

2. **拒絕去做你最厭惡的、也未必是你職責的事：**兩個星期不去打掃房間或者洗衣服，看看會發生什麼情況。如果你能付得起錢，就請個人幫你做，要嘛讓家裡其他的成員自己動手照料自己。一般來說，家裡一切家事都由你做，僅僅是說明，你已經向別人表明你，會毫無怨言地做這些家事。

3.**斬釘截鐵地說話：**即使是在可能會顯得有些唐突的場所，毫無拘束地對服務員、售貨員、陌生人、秘書、計程車的司機說話，對蠻橫無禮的人以牙還牙。你必須在一段時期內克服你的膽怯和習慣心理。你必須心甘情願地邁出這第一步。記住：千里之行始於足下。

4.**不再說那些會招引別人欺負你的話：**「我是無所謂的」，「我可沒什麼能耐」，或者「我從來不懂那些法律方面的事」，諸如此類的推託之辭就像是為其他人利用你的弱點開了一張許可證。當服務員計算你的帳單時，如果你告訴他你對計算一竅不通，那你就是暗示他，你不會挑什麼「錯」的。

5.**對盛氣淩人者以牙還牙，冷靜地指明他們的行為：**當你碰到吹毛求疵的、好插嘴的、強詞奪理的、誇大其詞的、令人厭煩的以及其他類似的欺人者，冷靜地指明他們的行為。你可以用諸如此類的話聲明：「你剛剛打斷了我的話」或者「你埋怨的事永遠也變不了」。這種策略是非常有效的教育方式，它告訴人們，他們的舉止是不合情理的。你表現得越平靜，對那些試探你的人越是直言不諱，你處於軟弱可欺的地位上的時間就越少。

6.**告訴人們，你有權利支配自己的時間去做自己願意做的事：**從繁忙的工作中或是熱烈的場合中脫身休息一下是理所當然的。把你支配自己休息和娛樂的時間視為是無可非議的，這是不容他人侵犯的正當權益。

小人

每個地方都有「小人」，即使是教育界那樣強調道德的地方也不例外。很難說清什麼是小人，這個小既不指年齡，也不指長得大小，小人和小人物是兩回事。和「小人」的關係若沒有處理好，一般人都要吃虧。

「小人」沒有特別的樣子，臉上也沒寫上「小人」二字，有些「小人」甚至長得既帥又漂亮，有口才也有文才，一副「大將之才」的樣子，並且還很聰明。不過，只要留心觀察，用心研究，「小人」還是可以從行為上分辨出來的。

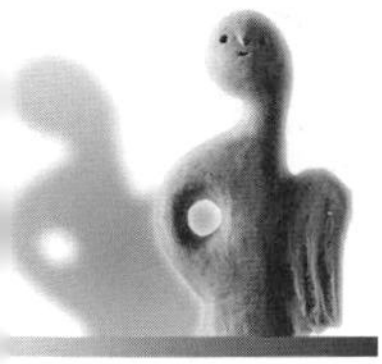

大體言之，「小人」就是做事做人不守正道，以邪惡的手段來達到目的的人，所以他們的言行有以下的特色：

1.**喜歡造謠生事**：小人的造謠生事都另有目的，並不是以造謠生事為樂，說謊和造謠是小人的生存本能。

2.**喜歡挑撥離間**：為了某種目的，他們可以用離間法挑撥朋友間、同事間的感情，製造他們的不合，他在一邊看熱鬧，好從中取利。

3.**喜歡拍馬屁奉承**：這種人雖不一定是小人，但這種人很容易因為受上司所寵而趾高氣揚，在上司面前說別人的壞話，只要一有機會就會抬高自己。

4.**喜歡陽奉陰違**：這種行為代表他們這種人的行事風格，因此小人對任何人都可能表裡不一，這也是小人行徑的一種。

5.**喜歡追隨權力**：誰得勢就依附誰，誰失勢就拋棄誰，這是小人的一大特點。

6.**喜歡踩著別人的鮮血前進**：也就是利用你為其開路，而你的犧牲他們是不在乎的。

7.**喜歡落井下石**：只要有人跌跤，他們會追上來再補一腳，在小人眼裡，看別人跌跤是最快樂的事。

8.**喜歡找替死鬼：**明明自己有錯卻死不承認，硬要找個人來背罪。

事實上，「小人」的特色並不只這些，總而言之，凡是不講法、不講理、不講情、不講義、不講道德的人都帶有「小人」的性格。

那麼，該如何妥善處理和「小人」的關係？以下幾個原則可以供讀者參考：

1.不得罪他們：一般來說，「小人」比「君子」敏感，心裡也較為自卑，因此你不要在言語上刺激他們，也不要在利益上得罪他們，尤其不要為了「正義」而去揭發他們，那只會害了你自己。自古以來，君子常常鬥不過小人，因此小人為惡，讓有力量的人去處理吧！

2.保持距離：別和小人們過度親近，保持淡淡的同事關係就可以了，但也不要太過疏遠，好像不把他們放在眼裡似的，否則他們會這樣想：「你有什麼了不起？」於是你就要倒楣了。

3.小心說話：說些「今天天氣很好」的話就可以了，如果談了別人的隱私，說了某人的不是，或是發了某些牢騷等等，這些話絕對會變成他們興風作浪和有必要整你時的資料。

4.不要有利益瓜葛：小人常成群結黨，霸佔利益，形成勢力，你千萬不要想靠他們來獲得

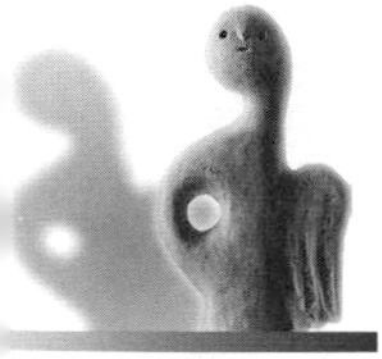

利益，因為你一旦得到利益，他們必會要求相當的回報，甚至就如強力黏膠那般，貼上你不放，想脫身都不可能！

5.吃點小虧無妨：「小人」有時也會因無心之過而傷害了你，如果是小虧，就算了。因為你找他們不但討不到公道，反而會結下更大的仇；所以，原諒他們吧。

這樣子就能和「小人」們相安無事了嗎？我不敢保證，但相信可把傷害減到最輕。

小心別人的壞話

在這個世界上存在著一種人，他是故意把一切都評價得很低。他不是按照一定的等級，把一切的評價按照一定的比例拉低。不是的，他是沒有什麼固定的標準，他就是喜歡說壞，有時把好也說成是壞。

聽人說好，且莫高興；聽人說壞，且莫傷心。先要運用你的判斷力，辨認一下說話的是什麼樣的人。

缺少生活經驗的人，常常為了別人的評價，弄得神魂顛倒或者輾轉反側難以入眠，白白浪費許多精力時間，以及良好的睡眠。他們不知道別人口中的好和壞，常常是不足為據的。

前面說過，有的人，就是喜歡說好，不敢說壞。如果你信了這種人口中之好，那豈不是對自己什麼缺點過失，全都看不見了？甚至於把缺點、過失都當作美德，死也不肯放棄了。

有許多人，就是這樣地誤了自己一生。那些只喜歡說好，而不敢說壞的人，真是害人不淺了。

和這相反，有些人，就是喜歡說壞，不願說好。這種人有時把別人的好處，也要說成很壞，這種人，所產生的惡劣效果，也是非常嚴重的。

你穿了一套漂漂亮亮的新衣，走到這種人的眼前，他不是說新衣料子不好，就是說它手工不行，或款式太差。即使樣樣都無可批評，他也要這樣說，說你衣服雖好，只是和你氣質不配。

總之，你要是遇見這種人，你就不要想有好日子過。每一天，他都要在你的心中，播種下無數的煩惱、不安，使你對自己，對別人，對世界，統統失掉信心。如果你沒有自知之明，你就會相信他的話，覺得自己今天做了一件非常笨的事，昨天又說了一句非常不得體的話，你的神情舉止是惹人討厭的，你講話的聲音是刺耳的，諸如此類，使你非常煩悶。

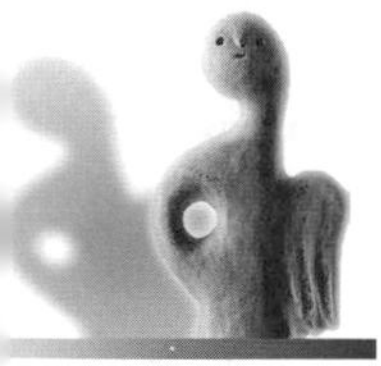

這還不打緊，他還會使你覺得你的家人是無能的或無用的，只會成為你的累贅：你的朋友是自私自利的，他們全在利用你，欺騙你；你的同事，全是飯桶、笨蛋；你的街坊鄰居，都是壞人。而且他不斷地告訴你，全世界沒有一個好人，沒有一個人是可靠的。

本來，你自己有理想、有希望、有信心。你跟家人很好，你很喜歡你的朋友，你相信你的同事。可是因為你遇見了這麼一種人，你沒有想到他的這些話對你造成了非常嚴重的壞影響，而去防備他這種特殊的性格，你漸漸地被他所俘虜，採用他的觀點來看自己、看別人、看世界，你的生活就漸漸變了，你覺得整個世界都一無是處。

社會上，這種人雖不算多，也不算太少。有這種人存在的地方，他就在不斷地散播著猜疑與憎惡。表面看起來，好像他並沒有做什麼不好的事，其實他每天都在破壞別人和親友同事之間的關係，使夫妻不和，兄弟反目，朋友間互不信任，使人人都在互相猜疑。曾經許多人上過這種人的當，仍然有許多人，正在受著他們的迷惑和挑撥。

但是，如果你有高明的分寸感，你就會辨認出這種人的特性。喜歡說別人的壞話，喜歡把好事也說成壞事的人，破壞力很大的。這種人常常以破壞別人為樂。他們不喜歡看到別人高興，不喜歡看到別人與親友同事相處得融洽和諧，不喜歡看到別人生活得充實而快樂，不喜歡別人對自己對世界具有很強的信心，不喜歡看到別人安心工作或努力學習，總之，他就像傳說中的魔鬼一樣。他每天都要設法打擊別人的情緒，破壞別人的幸福，拆散別人的婚姻，動搖別人的信念……。他們總是要澆別人的冷水，他們要在別人親友之間、同事之間，或團體之間、散播懷疑與猜忌的種子。

如果別人之間，有一些小小的裂痕，這種喜歡說壞話的人就在這些摩擦中加以擴大和挑撥，添油加醋，煽風點火，總之把別人的關係，弄得一團糟。

所以，從小處看，你穿了一件很滿意的衣服，他們會使你對自己的價值觀產生懷疑，得到一種很不自在的感覺。從大處看，他們能夠動搖你對於生活的信念，失掉前進的勇氣，使你感到眼前一片漆黑，你所認識的人，沒有一個可以信賴的。

面對著這種人，更需要運用你的判斷力，對他的每一言，每一語，都要加以分析衡量。幾乎可以說每一分鐘都不能鬆懈的。

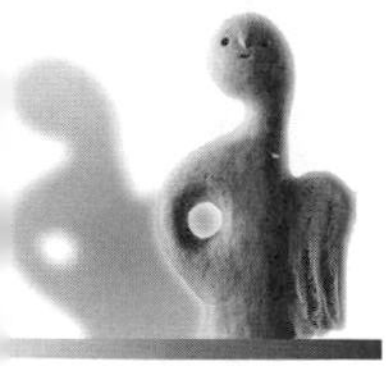

小心故意激怒你的人

之所以有人要激怒你，可能是出於兩種不同的原因。

一種人，為的是自我摧殘，為的是要自害自誤，拿自己出氣；另一種人，為的是要害你，為的是要使你陷於不利的被動的地位，為的是要使你做出不合理的舉動，或是說出不合理的話，使你出醜丟臉，使你失儀失態，使你成為被譏笑的對象，或被批評攻擊的對象。

在遇見這種事情時，也需要高明的分寸感，分辨出兩種不同的動機。但無論如何，對這兩種人，都是不宜吵架的。無論對方如何可氣可惡，還是要保持冷靜，不生氣，不發火。不要做那種一觸即發的人。這種人，往往最缺乏分寸感，不注意各種具體條件。別人一句話拋來，立刻就爆發，立刻就火冒三丈。請想想看，那些人明明是胸有成竹，佈置好了陷阱，然後用話來激你，氣你，就是要你跳到陷井中去。你為什麼要上他們的當呢？

還有一種人，也是不宜於跟他吵架的。這種人，他平時是比較講道理的，而且一直對你的印象還好，甚至於有比較密切的來往。

忽然，有一天，他怒氣沖沖地來找你，向你說些無理、無禮的話，態度惡劣、脾氣暴躁。照一般的情形，你完全有理由對之不理不睬，或者以牙還牙，以眼還眼，用不客氣的態度，來針對他的不客氣的態度。然而，如果你能夠運用你的分寸感，考慮一下，他平時的為人怎樣，過去對你怎樣，你立刻發現，與他還是以不吵架為佳。因為這個人，平時很講道理，而且對你也很好，這時他可能是受了別人的挑撥或是聽到有關於你的不正確的消息或意見，如果這時你因為受了他們的刺激立刻跟他吵了起來，那就可能中了奸人之計，上了挑撥者的大當。

在朋友之間，同事之間，親屬之間，以及團體的成員之間，有時就有一些別有用心的分子，專門製造一些摩擦、破壞團結的事情。因此，在這方面，我們也要時時提高警惕，不要上這些壞分子的當。在我們忍不住要跟別人吵架的時候，我們一定要運用我們的分寸感，分辨一下當前的具體情況。

還有一種人，也是不宜於跟他吵架的。這種人，耳根子軟，性子急，頭腦簡單，心理複雜，好起來，跟你打得火熱，可是什麼時候，碰到一些什麼閒言閒語，或是對你有什麼誤解的地方，他就忍不住對你大起疑心，或者大發脾氣。這種人，完全沒有必要跟他吵架。

相反的，只要你夠鎮定，胸有成竹，對他做一些解釋，加上你的誠懇、好意，再加上一點安慰和鼓勵，大概不用多少時間，他的火氣就會煙消雲散，甚至會化怒為喜。

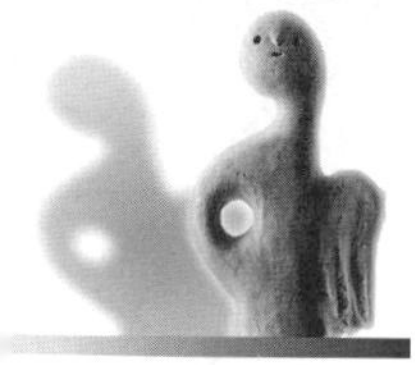

有人妒嫉你怎麼辦？

「人怕出名豬怕肥」這是我們都很熟悉的一句話。據說，有位科學家將這句話翻譯給一位美國教授聽，那位教授驚訝不已：「為什麼？為什麼中國的人怕出名？中國的豬怕肥？」要講清楚這個道理，說難也難，說容易也容易，容易到只用兩個字就夠了：嫉妒。一個人做事，三個人反對，五個人調查，十個人散佈流言蜚語，這種現象不能算是極個別的事例。「槍打出頭鳥」，「出頭的椽子先爛」，這類可怕的「警告」，都說明嫉妒者專門為賢者埋下禍根。

既然這類現象存在著，那麼，它們當然也會出現在人們的日常交往中。既來之，則安之。管理者在同事中遇到這種人，正確的調節方法是：

1.**把別人的嫉妒當作一種榮幸：**我們不僅要忍耐和克制自己的嫉妒心，而且也要忍受住他人對自己的嫉妒。也就是說，在自己取得一定的成績，而別人以各種方式嫉妒自己的時候應該不為這種嫉妒而改變正常和自然的生活方式，而以某種科學的方式認識這種嫉妒，才能夠忍受住他人的嫉妒。這兩者是相輔相成的。應該承認在自己有一定的成績之後，受到他人的種種嫉妒是十分難受的。本來是自己透過努力，辛辛苦苦得來的一點成績，卻反而招致如此的對待。可以說往往會給人帶來一種極大的委屈和不平。特別是那些惡毒的詆毀和污蔑，有時實在是讓人受不了。在這種情況下，不少人往往會乾脆放棄自己的追求，使自己停留於一般和平庸，混合於普通，甚至是落後。有些人在這種嫉妒的壓力下，不得不縮回了自己剛剛施展開的手腳，壓抑自己的抱負和理想，從而在這種嫉妒的壓力下崩潰。

為了能夠忍受他人的嫉妒，必須對此有某種科學的認識。它至少包括下面兩層涵義。其一把別人的嫉妒當成是自己的一種榮幸和驕傲。在此，你切記，他們的嫉妒，以及由這種嫉妒所形成的種種指責和攻擊，都是以一種變態的方式表達一種無能。也就是說，這種嫉妒實際上是以一種比較極端的方式，通過貶低他人的成功和長處，來掩蓋和彌補自己的缺陷和不足。這裡，可以說它是對你的成績的一種反面形式的肯定，而並不是一種真正的、客觀的批評。也正因為如此，你完全不必介意和在乎這些嫉妒，可以非常坦然和自豪地與之相處，而無所顧忌。它並不能證明你的無能，反而突出了你的成績。從這個意義上說，有人嫉妒甚至是一種榮幸，是可以令人感到驕傲和自豪的地方。

2.把他人的嫉妒當成你前進的動力：有時，在他人的嫉妒中，可能會有一些刻薄的挑剔和

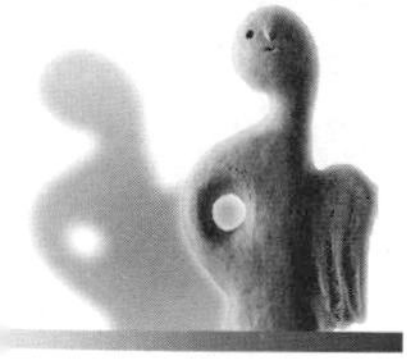

雞蛋裡挑骨頭。這也是十分正常的。因為，有些人正是要借助於挑刺的方式，貶低你所取得的成績與價值，從而達到一種否定的結果。在這種情況下，正確的忍耐是要把他人的這種嫉妒當成自己的一種壓力或動力，作為自己進一步提高的台階。這裡的正確思想是，以一種真的，積極的方式去理解他人的假的、消極的挑剔，對方的用意是嫉妒、否定和攻擊，而自己的態度是學習、接受和轉化為動力。在此，你甚至應該感謝他人的這種挑剔。不難看出，正是這樣一些挑剔，可以使自己不至於為成功的喜悅而沖昏頭腦，不沉迷在一時的榮譽之中，而保持比較清醒的頭腦。看到自己的不足，認清自己前進的方向和目標。這樣去對待他人的嫉妒，你不會有氣憤和沮喪，而且還應該感謝他們。而這樣的忍，又有什麼不好呢?它難道不可以成為一把無往不利的尖刀嗎?

於此同時，我們還可以看到，他人的嫉妒還可以使你始終不斷地鞭策自己、激勵自己。例如，有些人常常會這樣地嫉妒他人的成績和幹勁：認為不過是「三分鐘的熱情」，「新官上任三把火」等等。而對待這樣一類嫉妒，最好的方式是不斷地保持自己的幹勁。這實在是一種極好的壓力。

3.不能刺激別人的「嫉妒」之心：受嫉妒者最明白無誤的，是謹防孤高自傲的外在形象。「嫉妒」之心，可迴避而不宜刺激。它就像蜂窩一樣，一旦捅它一下，就招致不必要的麻煩。實在不必要在這一點上得不償失，影響前途。

既然嫉妒是一種不可理喻、難辨涇渭的低層次情緒，所以不必去計較個你長我短、你是我非，更不必針鋒相對，非弄個「水落石出」、「青紅皂白」。須知，這不是學術討論，不是法庭對峙，你的對手不會用「邏輯」、「情理」或「法律依據」與你爭鋒的。嫉妒之人本來就沒有與你處在同一個檔次上，因而任何「據理力爭」，都是你吃虧、受損，不僅降低檔次，而且無謂浪費時間、虛擲精力。最佳方式是胸懷坦蕩，從容大度。對出於嫉妒者的種種「雕蟲小技」，完全可以視若不見，充耳不聞，一如既往。甚至應該以更出色的成績來證實所受的認可是公正的。

4.**不要折損自己的銳氣：**應當認識到，嫉妒行為雖然頗能給人製造一些痛苦和障礙，但是嫉妒者必有能力上的缺陷，或者在對手面前自感能力不足，也就是懼怕在事業上和成就上與對手競爭，與能者進行正面較量。所以從本質上講，嫉妒行為是掩蓋自己軟弱無能的行為，是內在虛弱和自私的反映。

能夠認識到這一點是十分重要的，這可以使我們在嫉妒行為面前保持清醒的頭腦，保持堅定的信念。既然嫉妒行為不過是一種掩蓋軟弱無力的行為，我們又何必放棄自己的追求而

去適應這種低級的趣味。讓人家去說，我們仍走自己的路！不應該在嫉妒面前躺倒，更不應該屈服於嫉妒行為。見怪不怪，其怪自敗。堅持奮進，爭取更大的成就和榮譽，使嫉妒行為拖不垮你，拉不倒你，擋不住你，這是對嫉妒行為最有力的回擊。

當然，對於事關人格、名譽的流言蜚語和無中生有的誣陷之辭，也不能置之不理，要採取適當的方法加以澄清。所謂適當，首先是保持冷靜的頭腦，其次是不要採取過激行動。否則，你就會正中「圈套」。

5.要善待嫉妒之心：嫉妒是不健康心理的一種，嫉妒及其消極作用是不可能徹底消滅的，但可以減弱。經過人為的努力，可以使之達到比較弱小，以至於不嚴重阻礙事業成功的程度。減弱嫉妒的基本辦法是，不要對嫉妒者反目而視，仇恨相加，要設身處地地為他們著想。相反，一旦發現別人的嫉妒，便怒火中燒，形之於色，或洋洋得意，置若罔聞，會使彼此之間的距離越拉越大，妒火越燒越旺，後果不堪設想。在對嫉妒者同情理解的基礎上，應該採取具體的對待辦法。

首先，故意示弱，以減弱嫉妒。帕金森先生在《管理藝術精神》中說：「大多數組織在結構上像一座金字塔，當一個人向金字塔頂端爬去的時候，最重要的崗位越來越少。因此，一個新近被提升的管理者，一定要特別謹慎小心。首先，他從前的大多數同事深信自己應該得到這個職位，並且為自己沒有得到它而不快。但特別重要的是：一個被提升的管理者必須想盡辦法表現出謙遜和不盛氣淩人。他一定不要忘記他從前的共事者」。

其次，對嫉妒自己的人體貼關心。對嫉妒自己的人，不但不恨，反而為之排憂解難，鋪路架橋，這是減弱嫉妒的妙法。

第三，對小名小利退避三舍。競爭勝利者切忌：利無論大小務必搶先。事業上獲得成功，已經成為嫉妒的目標，在有關引人注意的小事上還要爭先，可謂火上加油，實在是下策，如果能夠將更多的名利給予不太如意的人們，便可以慰藉其焦急之情，減弱一點嫉妒。

有些不明智的人，一遇到評選優秀員工、選模範勞工的事時，務必挺身而出，唯恐落人之後。殊不知，這會越來越加劇同事對自己的嫉妒，導致自己「後院起火」的惡果。

早在先秦時期，道家的創始人老子就主張：「不敢為天下先」，意思是不要爭名奪利，凡事搶先。他認為這樣必然會失去支持，失去自己的地位，「金玉滿堂，莫之能守」。現代的人們，確實應該仔細玩味一下「不敢為天下先」的真諦，以減弱嫉妒。

6.不要與當事人輕易地分道揚鑣：受到強者刺激而產生的嫉妒，往往又是弱者希望成為強者的病態心理。這種欲念，畢竟也是「一線光明」：希望變成強者。就這一點而言，我

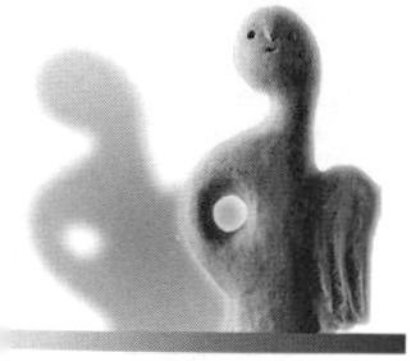

們與嫉妒行為的當事人是一致的。差別在於怎樣由弱變強，是用「有飯大家吃」的做法拖住強者的後腿呢，還是用「好馬劣馬，拉出來遛遛」的做法與強者進行正常的競爭？

如果你能清醒地認識到這一點，你就有可能在交往中找到消除嫉妒行為的正確途徑——求同存異，以同化異。也就是說，仍然把嫉妒者作為正常的交往對象，增強他為「一線光明」的欲望去努力的信心，並誠懇地讓他認識到自己的弱點。這樣，他的心境就會趨於平和，不再把強者看做自己的威脅，自然也就有了容人之大度。當然，這首先需要被嫉妒者有容人之大度。既然人家把你視為嫉妒的物件，就說明你有勝人之長處，那麼，你可千萬不要辜負了對方給你的這份榮譽。對於如此看重你的人，你有什麼理由要排斥呢？只要你能夠幫助對方實現由弱到強的目標，你就會在對方的心目中樹立起「物真價實」的強者形象；而且一旦對方從弱者的地位奮起，最終變為強者，也就會從根本上剔除那種病態的心理。如果你沒有這種博大胸懷，那麼，你也無需去責怪他人的嫉妒行為。

7.在嫉妒行為面前敢於豎起正義的旗幟：嫉妒行為是人際關係的腐蝕劑，作為一個有正義感的人，尤其是管理者，在交往中不能因為懼怕關係的複雜性而退避三舍，更不能對流言蜚語聽之任之，甚至人云亦云，對遭受中傷的人採取不負責任的態度，如果能夠帶頭挺身而出，主持正義，就有可能衝破嫉妒者所設下的迷霧。

在交往的過程中，作為管理者如果能夠主持公道，伸張正義，能夠按照原則協調各方關係，那麼，他所在的交際圈就是一個激勵人們奮發向上的場所。

「己所不欲，勿施於人」。首先是自己「不欲施」嫉妒行為，然後才能夠在交往過程中幫助別人「不欲施」嫉妒行為。嫉妒之火實在是精力和能力的無謂消耗，處理人際關係還是「寬大為懷」好。

識破把戲

同情心與愛一樣可貴，但是不能濫施。對騙子而言，人們同情時，也常是最放鬆戒備的時刻，他們最容易得手。這是商場中當時刻提防之處，若不仔細分辨，極易中招受騙。以下的故事，可見其騙人的伎倆。

《戰國策》曾記載這樣一則故事：有一個人在市場上賣一匹駿馬，可是接連等了三個早晨，卻沒有人問，於是他就去見伯樂，對伯樂說：「我有一匹駿馬想賣掉。可是在市場上站

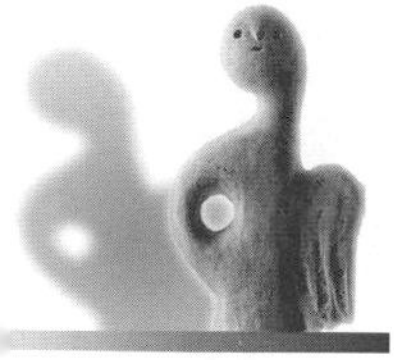

了三個早晨卻沒有人問，我希望你能圍著馬轉一圈，臨走時再返回頭看看，裝出戀戀不捨的樣子。我願意把一個早晨賺的錢送給您。

伯樂答應了，到了市場上，伯樂圍著那個人的馬轉了一圈，臨走了，又深情地回過頭看了這匹馬一眼（頓時市場上買馬的人都圍了過來）。一個早晨，這匹馬的價格便提高了十倍。

這是一種「借譽術」。借名人、行家的身分地位，提高商品知名度。為什麼行家看和不看有這麼大的區別呢？無論過去還是現在，一般消費者購買商品，雖然都想買回物美價廉，經久耐用的上乘貨，但並不真懂得商品的規格、品質及性能。大部分是看人們購買是否踴躍，聽別人的品評。其中對名人、行家的鑒賞有信賴感，甚至「迷信化」。利用消費者的這種心理，借助於名人的推崇、誇獎，的確是種絕好的廣告術。古人用「伯樂一顧」來提高馬的身價，擴大馬的銷售，是一種原始式的「信譽術」。

商場危機四伏，陷阱重重，不正常利潤的地方很可能是佈下地雷最多的中心地帶，此時一定要冷靜分析市場，明察秋毫後再做決斷，勿因小而失大，造成不可挽回的損失。

老孫的房子說要賣已經半年多了，問津的人不少，可是都點著頭來，細細看又搖著頭走了。要是老孫當年也能多看幾眼，就不會有今天的困擾。只怪老孫的太太，雖然前後來看了三次房子，卻每回都催著老孫走：「快走吧！你看那賣房子的太太又在哭了，好可憐喲！這屋子一定有她很多美好的記憶。失去丈夫，又沒了房子，多傷心哪！」簽約那天，賣方夫婦都到了，當手續辦妥的時候，男人露出笑容，女人卻轉過臉去。老孫相信那女人的心一定碎了，所以原本想笑，硬把笑壓了下去。老孫真是笑不出來了，剛住進去就發現水管不通，沖馬桶的時候，糞便全溢了出來。接著半夜聽見天花板滴滴嗒嗒地響，第二天便露出一片漬痕。老孫氣喘噓噓地拉開天花板看，原來上面放了個水桶，雨先漏到桶裡，水滿之後全流了出來。「唉！不要怪他們了。」太太安慰老孫：「想想五十多歲的女人，面臨離婚，而丈夫外面早交個密友，怎麼還有心情照顧房子！」

直到有一天，兒子把球放在地板上，球卻自己滾到旁邊，老孫才驚訝到：「什麼？這屋子是歪的？」這就是老孫急著要賣房子的原因，而且不但登廣告，每逢週末，更出去貼「吉屋出售」的紅條子。居然這麼巧，今兒下午正貼條子，看見個熟悉的身影，不是前任的屋主嗎？旁邊挽個女人，大概是他的新任的太太吧！不，竟是他原來的老婆，只是臉孔不再蠟黃，化妝之後還有幾分風韻呢！

「你們不是離婚了嗎？」老孫脫口而出。

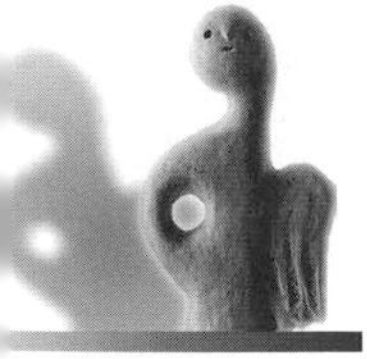

「離婚？誰說的？」兩夫婦開心地相視而笑，口裡還唸道著：「離婚？哈……好笑！」。看著兩人手挽手離去，老孫才恍然大悟，一生的積蓄都搭在這破房上。他無力地癱坐在地上。

再看另一個例子：

小李欠房東兩個月的房租。房東打電話催討多次無效，決定請小李搬家。

「再寬限我半個月，到時候一定還你。」小李央求。

「不成！」房東說。

「我發誓半個月之後一定拿得出。」

「好吧！」房東居然想都沒想，就答應了。

半個月之後，已經積欠兩個半月的房租，小李居然只當沒事似地，毫無還錢的意思。

「這次你非搬不可，絕不寬貸！」房東在電話裡斬釘截鐵地說。「我是想還你，只怪孩子生病了。」小李又編了個謊言。「怎麼證明你孩子生病，昨天還看見他在外面玩。」「他前幾天生病，是真的。」小李裝作可憐的樣子：「我對天發誓！」房東居然又聽信了，小李再獲得十天的寬限。

十天之後，小李還是不還錢。「這次無論你說什麼，只要不立刻還出房錢，就請走路！」房東打電話過去，不待小李開口，就撂話在先。「您別急啊！」小李慢條斯理地緩和房東的情緒，「我是想等下個月初，會一起還您，一次還三個月。」「我不需要你一次還三個月，先拿兩個月來，你就可以留下，否則立刻搬走。」房東氣憤地說。「唉！說了只怕您老也不信，我是屋漏偏逢連夜雨，」小李哭喪著說，「只怪前天我岳母得了急病，本來錢都準備好，結果全拿去付了醫療費。」「算了吧！」房東說，「又來這套！」「您真不信？」小李叫道，「我對天發誓！」房東居然又信了，小李能再拖十天。

月初一直等到八號，房東還是分文沒收到。他掛電話到小李家，只講了兩句話：「如果明天再不把房錢繳清，我發誓你立刻搬家。」第二天，房東有事沒時間打電話去催租，第三天等他上門來討房租時，從窗戶向裡望去，屋內空空如也，卻發現大門緊鎖，小李夫婦早已不知搬到哪裡去了。

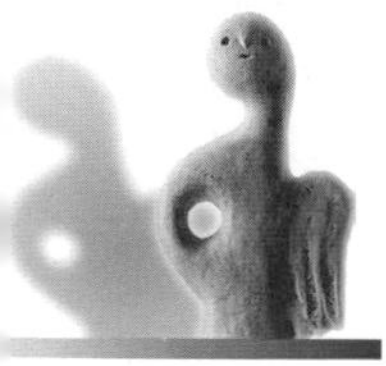

學會使用「保護色」

在動物世界裡，「擬態」和「保護色」是很重要的生存法寶。「擬態」是動物或昆蟲的形狀和周遭的環境很像，讓人分辨不出來。例如有一種枯葉蝶，當牠停在樹枝上時，褐色的身體就像一片枯葉那般。「保護色」是身體的顏色和周遭環境的顏色接近，當牠在這個環境裡時，牠的天敵便不易找出它來。蚱蜢好吃農作物，牠的身體是綠色的，這顏色便是牠的保護色！因為「擬態」和「保護色」，所以大自然的各種生物才能代代繁衍，維持起碼的生存空間。而一般來說，會擬態的往往兼具有保護色，因此又會擬態又有保護色的，生存條件較只具保護色的好。

在人的世界裡，也有「擬態」和「保護色」的行為，最具體的例子便是間諜。從事這種工作的人要隱藏自己真正的身份，並且要避免被人識破，他們所使用的「擬態」和「保護色」就是在角色扮演上儘量和周遭人接近，讓人分不出他是「外來者」。所以間諜要出任務時，都要先仿真當地的生活，穿當地人的衣服，說當地人的話，吃當地的食物，惡補當地的歷史、民俗，為的是把自己「變成」那裡的人，以免被人辨識出來。這就是人類對「擬態」和「保護色」的運用。

你不是間諜，也不大可能有機會當間諜，可是在社會裡，你有必要對「擬態」和「保護色」有所瞭解，並且好好運用，尤其當你和周遭環境相較，呈現明顯的「弱勢」時，更應該好好運用這兩種每個人都有的本能。

例如：初到一個新部門，應儘量入境隨俗，認同這個部門的文化，隨著這個部門的脈搏呼吸。也就是說，遵守這個部門的「規矩」和價值觀。這是尋找「保護色」，避免自己成為與周圍環境格格不入的鮮明目標，否則會造成別人對你的排擠。如果你特立獨行，自以為是，那麼你的苦日子必定跟著來。當你的「顏色」和周遭環境取得協調後，你也已成為這個環境中的一分子，而達到「擬態」的效果。到了這個地步，起碼的生存環境就已經營造完成，不致發生問題了。

「擬態」的特色之一是靜止不動。有保護色，又靜止不動，那麼誰也奈何不了你。因此在這個社會裡，你為了避免不必要的災禍，必須嚴守「靜止不動」的原則。也就是說，不亂發表議論，不顯露你的企圖心，不結黨營私，好讓人對你「視而不見」，那麼就可以把危險降到最低的程度。

有些人家中被搶，是因為房子裝潢得太漂亮了，讓人一看就以為是有錢人家；有人半夜遇劫，是因為戴著名貴首飾，這是他們不知「擬態」和「保護色」的作用。相形之下，有些大富翁出門一襲粗衣，以計程車代步，了不起開輛小車，這種人就深懂「擬態」和「保護色」的奧妙。

「擬態」和「保護色」的本能是生物演進的結果，「弱者」有，「強者」也有。「弱者」是為了自身安全，「強者」是為了不讓「弱者」發覺而可能進行撲殺。大自然的奇妙，其實也一樣存在於現實社會之中，你好好體會吧！

第四章・做自己該做的事

想要成功，避免別人整你，最重要的就是把自己應該做好的事情做好。這是最簡單也是最有效的方法，只要你的工作出類拔萃，就算是有人想踩你，也無處下手。

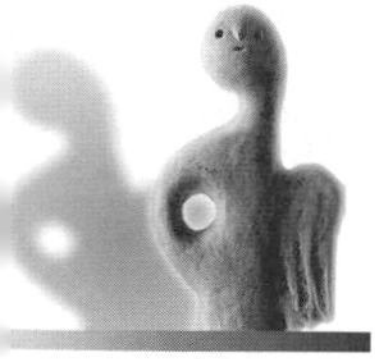

樹立良好的形象

一個人只有樹立良好的自身形象，才能贏得他人的信賴和尊重，他們才會樂於同你交往和接近，把你當作知心朋友。做到這點其實不是很難，不妨試試下面的方法：

1.**保持真我：**在人際交往中，誰都希望能給同事留下良好的印象，使他們喜歡和信任自己。要做到這點，需要改變一下自己的行為舉止、言談習慣、興趣嗜好等，以便適應社會的需要，使他人對自己產生好感。但是，這種改變並不是要掩飾自己的真實情感，完全放棄自我的內在氣質，把自己變成社交場上的面具。這樣做一旦被別人識破，效果會適得其反。最好的辦法是保持自己原有的個性和特質，塑造一個真我。內在的氣質是最寶貴的，一個真正懂得與他人相處的人，絕不會因場合或物件的變化而放棄自己的內在特質，盲目地迎合、隨從別人。保持真我，關鍵是保持自己區別於他人的獨特、健康的個性。

2.**堅持守信用原則：**就是說到做到。聽起來很簡單，但是絕大部分的人都做不到，假如一個人兌現了他曾經許過的所有諾言，他一定會成為一位鶴立雞群般的傑出人物。行失於言是一種極糟糕的形象，所以你一定要像避瘟疫一樣避開它。如果你想長期與同事建立一種協調、穩定的合作關係，必須執行守信用的原則，這樣你才可能在事業中獲得成功。

3.工作出色：塑造成功形象的最好方法是有突出的工作業績。你傑出的表現所帶來的聲譽，會使人們知道你很了不起。工作出色不僅需要個人不斷的努力，還要做到，每天工作時間要表現得很忙碌，給人留下「行程很滿，工作很多」的印象。成功的外表會襯托出你的幹練、精明。辦公室可擺一些適當的裝飾來提高自我形象。如獎章、獎狀之類。

4.幽默感：適當的幽默感，不僅使人際交往更成功，而且使工作更有樂趣，這也是塑造成功形象的一個因素。大多數人願意與有幽默感的人打交道。一般情況下，幽默能幫助你打開僵局，但要掌握「火候」，否則可能會弄巧成拙。

5.同成功者合作：與成功者合作能給自己的形象加分。俗話說：物以類聚，如果你有一些地位顯赫，而且功成名就的朋友，同事會想：「他一定也很有本事，不然怎麼會跟那些人在一起」。如果你的朋友全是失敗者，那麼，即使不會嚴重損害你的形象，也不會對你產生積極的影響。如果你在公司裡同那些聲名狼藉的人打得火熱，你的形象也會受

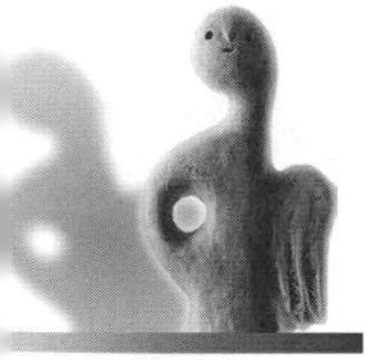

損，為了塑造更好的自身形象，要換換朋友，搞清與自己合作的人中，哪些有助於自己的形象塑造，哪些有損自己的形象。

成功者應具備的條件

若要在競爭激烈的商業社會裡出頭，你要懂得如何發揮自己的長處，凡事都得動腦筋，力爭上游，才能穩步踏上成功的階梯。

世界上成功的商業奇才，他們都具備以下的條件：

1.**把握時機，自我製造機會：**平時利用午飯或下班的時間，與同事聯絡感情，建立良好的人際關係。

2.**不可小看自己：**別認為別人比自己能幹，應時常告訴自己，別人能做到的事情，自己也能做到。

3.**不要太相信大多數人所持的意見與看法：**你很可能獨具慧眼，看到問題的癥結所在。

4.**把你所聽到的任何消息，審慎地判別它的真假：**對於同事或上司所說的話，努力瞭解個中所含的真義。

5.**仔細計算一下成敗之間所帶來的後果，做一個敢於創新與冒險的人：**如果你希望吸引上司的注意，你的處事手法不能過於保守。

6.**工作上遇到任何的煩惱之事，你要冷靜地問問自己：**究竟發生了什麼事情？怎麼會導致這種情況？如果你的心情欠佳，情緒起伏不定，別輕舉妄動。

7.**假如你發覺自己的工作十分舒適，這表示你正停滯不前：**此時你應當奮起，衝破自己能力的界線。

8.**與其浪費心思在自己的短處上，尋找補救的方法，不如努力發揮自己的長處，達到更好的工作效果。**

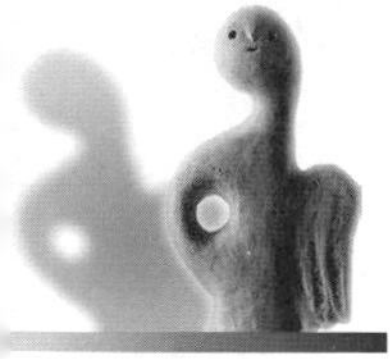

最重要的是工作成績

要知道，任何上司都不會只看你的工作態度和自我表現的能力，他們更注重你完成任務的情況是否令他們滿意，動聽的話誰都會說，漂亮的事卻不是誰都會做，只有完成任務，才能真正讓上司滿意。所以，當你給了上司一個滿意的答覆之後，緊接著，你就應該腳踏實地、竭盡全力地去履行你對上司許下的諾言。

凡是有事業心的上司，都賞識聰明、機靈、有頭腦、有創見的下屬，這樣的人往往能很出色地完成自己所擔負的工作，你也許明白這樣一個簡單的道理，有了成績，才能表現出你的才能，有了才能，才可能不斷升遷，任何上司都不願意去晉升一個他認為毫無才能的人。

效率第一

企業界是個講究效率的世界，如果你是個做事慢吞吞的人，經常無法提高效率，無論你心地如何善良，或工作態度如何認真，上司也不會看重你。一旦被人認定是慢吞吞的懶惰蟲，只會說恭維奉承的話，愛發牢騷等，那麼你就永遠無法翻身了。

上司委託你辦的事，如能順利完成，而後再問上司：「讓我再做些什麼？」這樣，一個接一個地自己找事做，相信上司一定會喜歡你。

上司委託你辦的事，倘若無法做完，又被上司催促說：「喂！那件事做完了，再做這件！」處於被動的姿態，你可能會心想：「哼！我這件事還沒做完，怎麼又命令我做別的事。」甚至引發牢騷，你心中的不平已全然表現在你的臉上。此時，上司感到有些異樣了，說：「怎麼啦？你不高興嗎？」

「不！」

「不是就趕快做吧！上一件工作還沒做完嗎？」

「快要好了……」

「快做，還有許多事等你做的！」

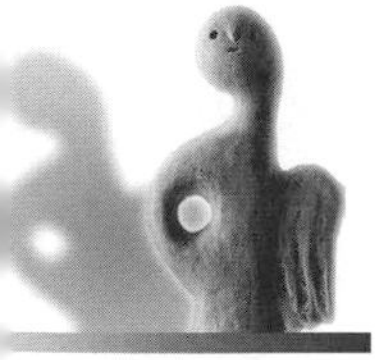

「你說的是什麼話？怎麼一直不停地叫我做這做那，又是麻煩的事，還要我快做……」

這樣，你也就不可能得到上司賞識了。

帶著微笑全力拚搏

當上司交給你一件重要工作時，你身邊有許多人看著你怎麼做，包括上級、同事、下屬、合夥人、股東、親友、敵人等。你要在這些人面前證明你是能應付自如的！尤其是對與業務或事業直接有關的人，例如上司。你要讓上司「跌破眼鏡」！你順利完成任務，不僅證明你有足夠的辦事能力，還證明上級判斷準確，眼光獨到，找對了人選。你證明自己辦事能力強，又令上司感到自豪，機會就會源源不斷地到來，要達到上述效果，沒有其他捷徑，只有帶著微笑去努力一拚，「肯拚肯搏」是創造成績的重要方法。能夠出成績的工作，必定是比較困難和複雜的，否則就無法證明你的辦事能力！這就要你付出加倍努力。

當上司交給你一件重要工作時，你身邊有許多人看著你怎麼做，包括上級、同事、下屬、合夥人、股東、親友、敵人等。你要在這些人面前證明你是能應付自如的！尤其是對與業務或事業直接有關的人，例如上司。你要讓上司「跌破眼鏡」！你順利完成任務，不僅證明你有足夠的辦事能力，還證明上級判斷準確，眼光獨到，找對了人選。你證明自己辦事能力強，又令上司感到自豪，機會就會源源不斷地到來，要達到上述效果，沒有其他捷徑，只有帶著微笑去努力一拚，「肯拚肯搏」是創造成績的重要方法。能夠出成績的工作，必定是比較困難和複雜的，否則就無法證明你的辦事能力！這就要你付出加倍努力。

名人似乎總有與眾不同之處，微軟公司總裁比爾・蓋茨是個典型的工作狂，這種品質從他的湖濱中學時期就已表現得淋漓盡致，無論是在電腦機房鑽研電腦，還是玩撲克，他都是廢寢忘食，不知疲倦。有時疲憊不堪的他會趴在電腦上酣然入睡。蓋茨的同學說，人們經常在清晨時發現蓋茨在機房裡熟睡。在創業時期，除了談生意、出差，蓋茨就是在公司裡通宵達旦地工作。有時，秘書會發現他竟然在辦公室的地板上鼾聲大作。不過為了能休息一下，蓋茨和他的合夥人艾倫經常光顧晚間電影院。「我們看完電影後又回去工作。」艾倫說。商場如戰場，對蓋茨來說，他必須勝利，所以他必須要努力工作。蓋茨之所以會成為當今電腦世界的顯赫人物，與他的勤奮努力是分不開的帶著微笑全力拚搏，不但是對賞識你的人負

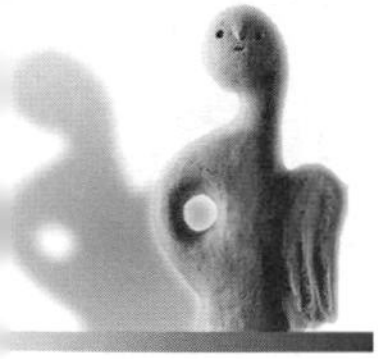

責，也是對自己負責。從此刻起就改變你的工作態度，正式踏上你的創業征途吧！如果你工作不夠努力，工作做得不夠好，為了自己，全力拚搏吧！

帶著微笑去拚，本身就是一種樂趣。工作是快樂的一個泉源，投入全部精力去做，是掘深這個泉源的最佳方法。當你全力拚搏時，你感到自己有用，生活充實，你的智力、體力、意志等全都燃燒起來；整個人像充了電的機器渾身是勁，充滿自信。由於集中精神工作，沒有時間胡思亂想，也就減少了無謂的煩惱。

帶著微笑全力工作的態度，流露出來的工作熱忱，具有強大感染力，令你身邊的人仿效你，也全力投入工作。你建立權威，不僅因為你證明自己辦事能力強，也由於工作熱忱感染別人，引起別人對你的敬重。

用口才加強你的影響力

作為公司的一位職員，行動處事常常需要得到上司的同意，有時還需要同事的協力合作。但每個人對同一件事往往有不同的看法。如何施展你的口才和影響力呢？下列辦法可供你選擇。

1.**開門見山**：對待一些性情直率、志趣相投、有一定交情的朋友可用此道。如果對他們拐彎抹角，反而令他們不快。

2.**利弊比較**：如果單一件事確有不利的一方面，你在說服別人時不要迴避弊端。如果不說，對方以不利一面來反駁你，反而使你難堪。因此你對上司進行勸說時，就應談其利也談其弊，然後說明利大於弊而值得做。

3.**因勢利導**：如果上司對某件事情十分固執，不要強行勸說，他會認為你是在冒犯他的權威。為了自己的尊嚴，他會把你拒之千里，你需要從別的話題談起，解除他的警戒，由此及彼，作類似性的誘導，並適時說出你的意圖，這樣往往能成功。

4.**讓對方有思考的餘地**：講清道理，分析完問題的關鍵就不必說下去，讓對方動腦思考。這就避免了強加於人。如果一次未能說服，不要弄僵，要留有餘地，防止上司把話說絕。

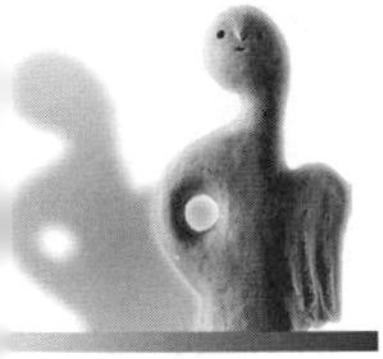

5.**利用時間**：人的情緒在激烈的商務活動中變化是很大的。你一定要找個好時間去開展你的說服工作。你可以向他的身邊工作人員打聽他近來的心情如何。在他處理急事時不要去找他；在他要去進餐時不要去找他；在他的週末或剛度假回來時不要去找。如果你很難找到好機會，不妨以書面形式向他提出意見。在你的意見中，不要只有批評，應該加上你對問題如何解決的措施建議。

學會幽默

心理學家指出：常露出幽默的笑臉，可以顯示出你是一個氣量寬宏的人，同時它還能表現出一個人對自己的才幹、事業充滿信心。相反，如果整天板著面孔一副「嚴肅相」，可能會使他人感到你是一個呆板生硬、裝腔作勢、令人生厭、難以相處的人。幽默的人，往往使人感到其充滿了生命力，而且善於同他人打成一片。幽默的下屬，常常給上司留下一個「生氣勃勃，對工作愉快而勝任，對於前途很有把握」的良好印象。幽默感會增強人們應付各種棘手問題的信心和能力。

所以，如果你能以樂觀、幽默的方式，向他人表達你面對的困難，則會給人留下一個有信心、有能力、堅強的、可以克服困難的精明幹練的印象，你也會因此而獲得意想不到的成功。但要把自己的幽默在上司面前運用得成功，還必須掌握以下要領：

1.**初次相識忌幽默**：與初次相識的上司，在雙方還不瞭解、不熟悉的情況下，要慎用幽默。實際上，幽默通常在熟人之間運用，陌生人之間一般不用幽默的方式說話或討論問題，因為那樣做會使對方產生誤解，認為你對他的態度有失莊重，他甚至會認為你的為人輕率而不可靠。

2.**避免對上司的缺點表示幽默**：無論是誰，都會有一些缺點和不足，這是正常的。對於這些缺點，無論在什麼場合、在什麼情況下，都應避免用幽默的口吻談論，因為那樣會使人感到你在取笑他，甚至會引發他的報復心理。不對他人，尤其是上司的缺點表示幽默，是作為一個人應有的涵養，也是同上司和諧相處的要求。

3.**「空城計」只唱一次**：有時，你會為自己一個成功的、令人愉快的幽默情節感到自豪和自信，因此，你會產生再用一次的念頭，其實這是錯誤的理解。「空城計」之所以能夠成功和被人記住，僅僅在於諸葛亮一生只用了一次。幽默，之所以能夠產生神奇的力

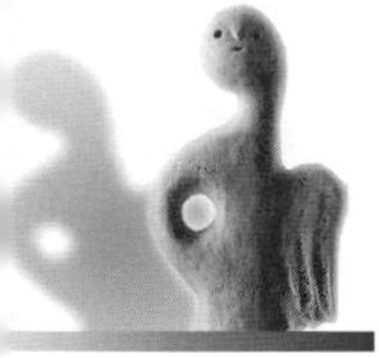

量，也在於它不可以多次重複，至少不能夠在同一場合、針對同一物件重複運用同一內容的幽默。

4.**幽默的取材範圍：**開玩笑，需要笑料，而幽默也需要幽默的素材。正如喜歡開玩笑的人，隨時隨地都可以找到能夠用作玩笑的材料一樣。善於採用幽默方式說話的人，其取材範圍也是十分廣泛的。簡單講，只要下屬認為在幽默之後能夠使上司愉快，或能在幽默之中達到自己的目的，那麼，任何生活中的、工作中的、自己的、他人的、天上的、地下的幾乎所有的事情都可以用於幽默。

5.**幽默要短小精悍：**世界上最短的科幻小說，僅有一句話：「當地球上所有的人都消失之後，突然響起了敲門聲」。幽默的話語也應該是短小精悍的故事，過長的幽默話語，反而會令人感到不那麼幽默了，事實上，只用三兩句就能講完的幽默的話，才能收到良好的效果。

6.**幽默的方法：**幽默，是人的一種超常思維活動，因此，幽默的方法，也必須是一種超常的方法。常用的主要有以下幾種

(1)正話反說。

(2)反話正說。
(3)明知故犯。
(4)自我嘲笑。
(5)旁敲側擊。

ＸＡＢＣ法則

上司、同事與下屬，是你在工作中必須接觸的三種人。為了使你的工作充滿樂趣，使你的事業一帆風順，你必須掌握這三種人的心。這三種人中，同事算是最難以相處的。因為同事彼此站在同一立足點，每個人都會成為別人晉升的絆腳石，彼此都成為對方競爭的對手。

想掌握同事的心，首先要做的就是探知同事的意願，接著由你來幫助他們達成心願。表面看來，為競爭對手鋪路，似乎荒謬到了極點，簡直不可能。但是此中自有奧妙，你不要因此就想放棄。

首先，為了熟知每一位同事的心態，你必須為自己籌畫一番，先好好研究同事的心理，遇有疑問，不厭其煩地向他們討教。多方觀察他們的言行舉止，必要的時候，在很輕鬆的氣氛下與他們接觸，例如和他們一起用餐，藉機會觀察他們。

另外準備一本筆記簿，開始針對每位同事做科學性的分析。然後就對他們的瞭解，回答下面幾個問題。此處所列的問題，只不過是其中的幾個例子，但可能給你提供好的構想，啟發你找到安撫同事，順利晉升的最佳方法。

1.同事對目前所從事的工作有何期望？

2.此人在公司裡的最終目標是什麼？

3.他的私生活如何？他在公司裡所渴望達到的願望中，有哪些是能順利達成的？

4.有沒有特別的興趣？如果有，是些什麼？

5.他和上司、同事、下屬間的人際關係如何？

經過嚴密的分析之後，你可以瞭解同事的欲望與要求了。但是，要暗中幫助他達成目標，滿足他的需求，該從何處著手呢？首先，你要將同事的需求按優先順序排列出來。想要有條理地列出各種要求，必須應用ＸＡＢＣ法。

X──緊急。此項達成以前，其他項目必須暫時擱下不管。

A──最重要，但未到緊急的程度。

B──頗重要，但可以稍緩一下。

C──不太重要，可暫緩實行。

以這種方法，找出同事的幾項需求。然後站在同事的立場，幫助他達成這最緊急的需求。

在X需求達成之前，必須先考慮A需求。等X需求圓滿完成後，再把目標移向A、B、C各項需求。當然，愈往後的工作會愈簡單。

只要你滿足了同事的X項需求，你的計畫就已經步上了軌道。同事也會留意到你所給予他們的幫助，開始對你效忠。

只要略微使用策略，就能實現同事所提出來的構想，而且，你平時稍微表現出拔刀相助的意圖，同事遇到困難，便會主動向你求救。你再善用手腕，使他的構想實現，為他排除眼前的障礙。如此，同事除了一方面敬佩你的幹練，另一方面又對你懷有感恩之心。

例如，同事把計畫實行業務做成報告書。該份報告書的內容雖然很有價值，但是卻未能

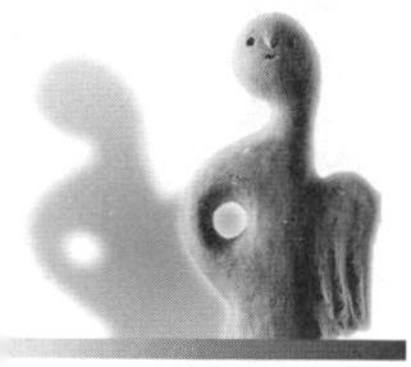

迎合經理的胃口，可能不被接受。這時你就要發揮勸說的能力，說服同事改寫報告。你可以告訴那位同事，報告條理分明，只可惜語氣過於尖銳，如能稍加更改，就十全十美了。你的同事就算再固執，也會接受你的忠告，並且對你感激不盡，因為你幫助他使得構想實現。

又假定設一位同事寫了想申請購買一部新機器。這部機器以長遠的眼光來看，一定能為公司節省許多經費，設置之後，辦公室的營業也會更加順利。然而，董事長宣導節省經費運動，不過是數星期前的事情。所以，那位同事非常懷疑自己的申請能否獲准。於是，你動用腦筋，勸那位同事在申請書上註明：「這部機器計畫在與董事長有交情的那間公司以最低價格購買。」終於，該同事的申請被批准，而你再次使同事的構想成為事實。

你幫助同事完成他們的目標，或對他們施恩，絕不可懷有過大的期望。當然，期望對方的謝忱並無不可，但不可奢望實質的報酬。把你對別人的恩情善加儲存，到你準備達成自己的需求時再做最大的利用。若你需要對方的回報時，要試探性地走近他們，悄悄地暗示他們。可如果你的聲勢太大，對方可能會嚇得逃之夭夭。

勇敢地接受任務

上司交代的工作，無論是什麼樣的差事，都應欣然接受。即使內心認為負荷過重或根本不喜歡這項任務，也不可以說出辦不到之類的話。

因為上司通常是經過觀察部屬的能力之後，認為他們足以勝任，才會放心地將工作交給他們。如果貿然表示自己無法辦到，那麼隨之而來的將是上司面子過不去，繼而使你失去上司的賞識。因此當接受任務時，無論如何也要拿出勇氣，抱著決心一試的意志向工作挑戰，即使最後真的無法完成差事，但上司知道你已經盡了力，也不會對你另眼看待。

但是有一點必須留意，如果在期限內不能順利達到工作目標，應儘早向上司報告，謀求補救的辦法。

「讓我來做」

新職員要想出頭很不容易，必須付出多過老職員幾倍的代價，特別是對於女性職員來說更是如此。這裡，有一種幫助你脫穎而出的好辦法，就是積極主動地去做老職員不願意做的

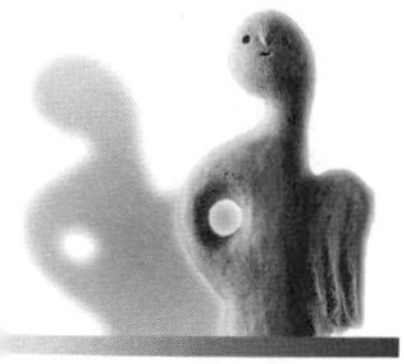

事。你必須揚棄保守被動的心理，以積極進取的心理迎接一切。

「讓我來做」、「有什麼可以效力的地方嗎？」都是表示主動的說法。尤其是對一些沒人願做的事，如果你肯率先去做，不僅可以收到拋磚引玉之效，更可為自己博得良好的評價。

有一點需要引起新職員注意的是，絕對避免露出明顯的邀功態度，盡可能做得漂亮而不留痕跡。更不可抱著急取成績的心理從事那些工作。你應當試著把它們當成磨煉自己的機會，發自內心地、心甘情願地去做，並力爭一做就成功。

培養自己的能力

你既然身為下屬，對上司交代的工作，就必須盡力執行並努力取得成果。上司也要親自處理很多事務，但大部分的工作卻需要在下屬的協助下進行。因而，下屬能不能做好工作，也直接關係到上司能否實現主管部門的工作目標。倘若目標沒有實現，他首先要負責任。

所以，既要培養你的自我實力，又要完成上司的要求，以得到他的好評，你就應該注意以下六點：

1.遵照上司的指示，儘快執行交付的任務，並適時彙報工作進度。工作結束時，立即做出總結報告。

2.上司交代的工作如難以執行，雖然可以質疑或提出個人意見，但對上司已決定的事仍要服從執行。

3.主管上司是所屬部門的代表。如你收到更高階層的直接命令，也應該呈報給主管部門知道，然後再依上司命令執行任務，萬不可擅自行動。

4.你的上司，也是人生經歷豐富的前輩。你要對他表示敬意，誠心積極地聽取他過去的寶貴經驗及心得。

5.你若對上司的為人和作風有所不滿，切忌急躁，要注意方式方法提醒他，並盡可能發現他的優點，謙虛地請求賜教。

6.在你的團體裡，要避免過分的私人深交，以免生出無謂的謠言。

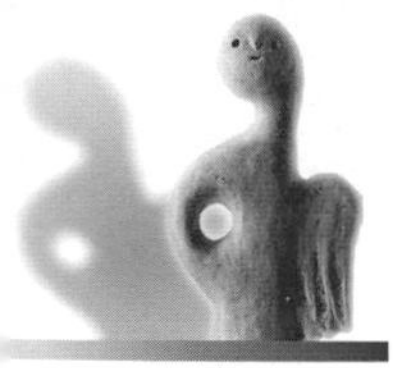

成功的四個階段

新來上班族若要成為優秀分子，在追求其理想和目標的過程中，是絕對不容一成不變，依然故我。反之，在不斷獲得資訊、經驗和信心後，應有適度的轉變。

社會心理學家多次研究均顯示，在社會上較為成功的人士都擁有以下幾項特點：

1.他們大部分在意識形態和行為上傾向合群，能投入群體活動和跟隨社會價值觀念與規範。

2.在與人溝通的問題上，他們總能容易而清楚表達自己。

3.能與他人作緊密聯繫和合作。

4.對人態度較友善和藹。

以上四點指出了人際關係與成功的相關性，同時，亦指示了良好人際關係對自己及其工作均有莫大裨益。這四點可以令人產生熱情和信心，對工作的成功與否起了極大作用。

不過，話說回來，人際關係對上班族只是第二里程，因為首先要對自己認識，從而建立自我，才可以與社會、團體或人際培養健全而良好的關係。

想要成功，避免別人整你，最重要的就是把自己應該做好的事情做好。

人們一向都沒有為「成功」一詞作出徹底妥貼的定義，究竟何為成功？各家各說，不過，一般地認為，達到成功境界，必然要經過四個階段：

1.自我檢討階段。

2.自我排斥階段。

3.自我建立階段。

4.自我實現階段。

正如嬰兒一樣，新來上班族往往以自我為中心，不懂人情世故。在很多方面，都是受到自我所支配，甚至於對自己生命毫無認識。自我的志趣、性格和人生目標全然不知，不免表現出來有點渾噩，故此需要自我檢討。

本來，我們的社會可以容忍年輕人有某種無知和缺乏經驗，可是，這期間卻可能因為自我和社會之間的差距而引起衝突，對年輕人造成許多挫敗，這正削減了他們對社會的歸屬感和個人自信心。

古人說：「失敗為成功之母」。年輕人在失敗過程中會獲得知識和經驗，有助他們邁向成功之途，故不必杞人憂天，一副先天下之憂而憂的模樣。

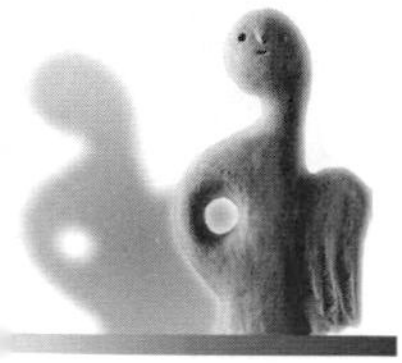

我卻不能完全同意，因為我認為失敗對向上爬行、努力向前的職員是害多利少的，這促使他們低估個人能力和期望，同時更可能削弱他們的成就動機。所以年輕人應儘量減少個人受挫敗的機會，以充分保留邁向錦繡前程的信心和動力。

至於自我排斥階段，我認為人多活一天於世上，自我就得多讓步一分，前人所謂的「人到無求品自高」，就是要在無欲無求之後才能隨意願生活，不必再出賣人性、時間和愛好，甚至生命，來換取社會共同認同的金錢與地位。你要是想成為優秀上班族，又豈能不暫且把自我放下，投入社會群體活動之中呢！

可幸的是，凡事必先死而後生，只要你有死的勇氣，又何愁不敢繼續生存。因此，在自我完全被排斥之後，個人反可獲得一點寧靜，而這點寧靜正是自我與社會之間的和諧氣氛所帶來的一點心靈獎賞。這個階段的人，便可重新建立個人一套完整的、一致的人生觀和價值觀，在外觀行為上就更能切合社會的需要。

完全自我建立階段後，要是還有任何未能滿足的心願都可以在此期間追尋。可笑的是，一向只有年輕人才整天把理想、目標掛在嘴邊，但真正能追求理想，談論理想卻往往有待他們達到自我實現階段之後，才有資格和能力完成。不過，一般人士恐怕在踏進這階段已是心有餘而力不足了。

無論如何，這四個階段標榜著上班族邁向成功的里程碑。年輕人若是能夠按部就班，循序漸進，必然有成功的一日。假如好高騖遠而不踏實盡力而行，要成為優秀上班族就很難了。

以下，我將逐一解釋這四個階段。

1.自我檢討階段：檢討是非常重要的一環。通過檢討，個人可對自己重新評估和加深認識，同時亦可糾正錯誤觀點和行為，使自己心智性格更為完整。此外，透過自我檢討，可審慎地考慮個人性格、專長、愛好和工作性質。我絕對相信，事業成功與否，必然由興趣建基。只有對工作有興趣、熱誠和期望，才能做得更投入，更全心全意，亦只要你肯比別人付出更多，才可能有勝人一籌的結果。

我有一個朋友文煜，從小受父親薰陶，愛好畫畫和音樂，其他方面學習成績普通，但卻是校方指定的美術設計員，受到不少稱讚和嘉許。但由於會考成績平庸，沒有機會繼續升學，便參加工作。

最初，他到某公司做文書，對他來說這份工作異常沉悶，也沒有任何人賞識。有一天，他突然辭職，終日在家聽音樂，看畫，旁人不解。一星期後，他毅然到理工夜校報讀商業設計，白天到一間廣告公司當助理畫師。由於這是他的專長和興趣，做事就非常認真和努

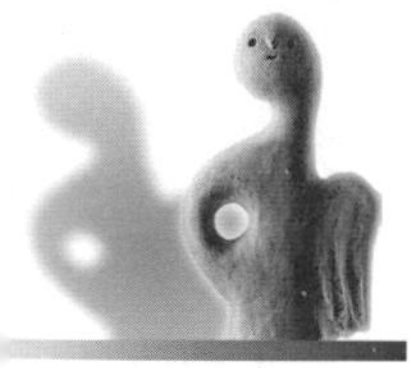

力，得到上司讚賞，文煜終於找到自己愛好的工作，兩年後正式成為畫師。

文煜的發展道路是非常有啟示性的。因他不會在工作不如意時放棄理想或是敷衍了事，而是認真的去考慮自己的前途。年輕人往往在初期不知道自己的目標，所以第一份工作多數不會是最賞心、最能發揮個人才華的工作，所以自我檢討在成功之路上是很重要的一環。

可是，話說回來，文煜可以追求理想是由於他有專長和知識，假如你沒有什麼過人之長，就必須認命，只得從工作中培養興趣和專長。例如打字員就要經過不斷練習才能成為出色的打字員。這時自我就要稍作迴避，當然，你還是可以依照個人性格找尋不同性質的工作的。

不論怎樣，你必須認清自己的目標，找到一塊奠基石，馬上進入第二階段——自我排斥階段，才能加速成功，成為優秀上班族一員。

2.自我排斥階段：假如說初生嬰兒最自我，那麼當人類學習適應社會的價值和規範時就好比一個自我排斥的過程。

嬰兒出生之初，一切行為完全由個人生理需要所支配。但成人若不顧周圍人事與環境，有時大哭大鬧要食物、玩具……便要受到責備。同樣，剛踏進社會的上班族對社會事物頗為無知，因此，在初期必然會受到許多挫折，從學習某些社會動機去適應既存的社會制度，這

想要成功，避免別人整你，最重要的就是把自己應該做好的事情做好。

就是社會化過程。

再說文煜吧，儘管他是天分極高的藝術家，獲得上司讚賞，同事佩服。不過，他卻對人際關係、利害因果一無所知，有時甚至引起旁人嫉忌也懵然不知。所謂英雄慣見亦常人，他的才華漸漸被忽略，他差勁的處事態度反而惹起別人不滿和議論。由於他對藝術欣賞勝人一籌，往往在與人交談時便反駁他人見解，令旁人非常難堪，有時甚至上司的話也被他否定，甚惹人厭。可是，他完全是基於個人對藝術的認識和見解，並無惡意，旁人亦明知他年輕無經驗，可是又有誰有此容人之量？

有一次，上司欲找一人當美術主任，本來他是非常理想的人選。可是上司卻認為他入世未深，唯恐開罪他人，或令公司人事起糾紛，只有另升他人，當然論才華就不如文煜了。

文煜心有不甘，便想毅然離開，另謀高就，以他的才華和經驗，自然不愁找不到工作。可是，他深一層思考，假如到別家工作，自己的人際關係仍然一場糊塗，跳槽也是枉然。於是他便開始反省，並且決定加強自我修養，以建立良好人際關係。此外，他亦開始意識到，公司並非追求自我的好地方，更加不是由一群有共同理想的人組成的團體，許多人會基於個人動機作出各種的行為，有時不免損人利己。所以他決定此後雖害人之心不可有，但防人之心絕不能無，希望可以減少被人攻擊及排斥的情況。

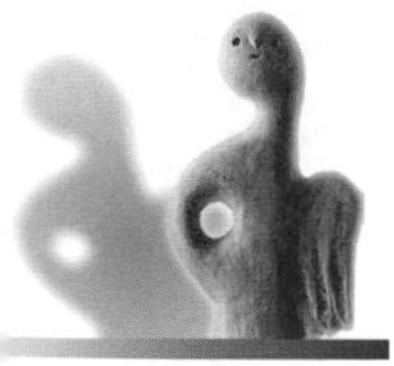

3.自我建立階段：人往往在困惑之後才能重生，才能建立真正的自我。

事實上，人在最早期的自我發展是傾向生理需要的，隨著年齡長大和心智的成熟，便開始轉向其他需要和動機。比如認同、尊重和成就動機，而成人文化的壓力，正好縮短了生理和社會需求的距離，因此，後期的發展才可說是真正自我建立。

儘管成長過程中，自我發展有其穩定和一致性，然而，自我還是通過社會互動和學習而建立。所以，自我絕對不是從小到老一成不變，而是受旁人的評價、看法和觀點不斷地影響的。因此，自我形象是十分重要的，別人對你的印象，完全視乎你身體所發放的資訊，建立怎樣的形象便會給你帶來怎樣的評價。

正如上述的文煜，經過原先不如意的經驗之後，他決心收斂自我，建立一個商業設計師形象。無論在開會、見客、與同事相處都刻意地表現世故。在衣著、談吐上也盡可能配合個人身分，使自己融入制度化，完全屬於社會一分子。

所謂「有諸內而形諸外」，當他決心令自己表現得很商業化之後，作品的構思、意念表達方式都以大眾口味為前提。在公司會議中，亦會接受他人見解，且事事以結果和效率為先，獲得上司與同事衷心讚賞。

從心理學而言，文煜受到獎賞之後，表現會更為賣力和出色，這可分為兩方面來說：第一是在工作方面，他的表現獲得獎賞，使他更有信心地工作；第二，他和同事間關係和諧，又使得他對工作的熱誠更加膨脹，這是一個獎賞交替的過程。此外，在自尊和認同方面的需要也可得到相當滿足，成就必然更高，可說是優秀上班族踏上成功頂峰的前奏。此時的自強反而可以有自我的餘地。

4.**自我實現階段：**成功人士有別於一般人就在於他永不會故步自封，滿足於已有的成就。相反地會繼續積極追尋，同時內在亦產生更高更難達到的需要，如自我實現。

經過以上三個階段的上班族，往往已在工作上、人際關係上有相當的閱歷，甚至已能應付自如而不必再費太大的精力。因此，他便有閒時餘力去尋找個人理想，滿足內心被壓抑多時的需要，即自我實現的需要。

比如藝術家需要不斷創作，追求一生的傑作才可以令他們的心靈安靜下來。就像演員要表演，作曲家要作曲，作家要寫作一樣，都是滿足其個人高度本性的表現。創作性的行為就是自我實現最具體的事實，這是人類在滿足了其他欲望後，追尋更崇高理想的目標而產生的，是個人希望發揮自己才能的一種潛在動機。

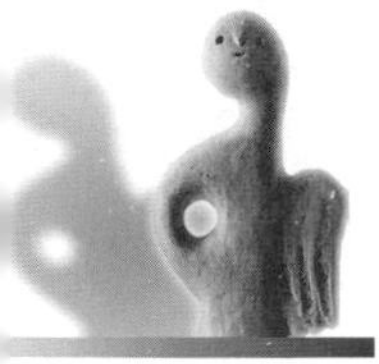

就像文煜也是一樣，經過種種體驗，克服種種困難後，他已不必再為事業和人際關係問題煩惱。不過，卻有一種意念在其內心蠢蠢欲動，就是一種自我實現的需要。多年埋首商業設計工作，他自覺對藝術的一種離棄，從大眾口味出發的創作自然稱不上高雅藝術，而亦難以滿足其個人口味和需要。因此，他開始撥出部分時間在個人創作之上。

幸運地，他的作品卻又得到同行及有識之士欣賞，逐漸他又將個人的喜愛和意念放在商業設計上，令他的事業創出一個高峰，將藝術與商業融合，名噪一時。從此，他對工作更加投入。

這是一個自我實現的成功例子，這位朋友的經歷相信是較為幸運的。不過，你不得不相信，成功是實力、環境和機會的結合，缺一不可。自強是實力在先，可說已擁有成功的先決條件，再加上他能適應環境的改變，將自我成功地隱藏起來，以遵循社會共同價值觀念和規範，學會尊重他人和捉摸旁人心理，再加上機會，才有成功的一天，成為典型優秀上班族。

然而，成功的例子並不多，你如果尚未受到幸運之神眷顧，就必須依照大路走，學習一些處世之道。

升職成功七件事

所謂人往高處爬，你想盡辦法向上爬升，無非是希望出類拔萃，名利雙收，這也是無可厚非之事。但這並不是你個人的事情，當你節節上升之際，你必須要與同事競爭，自己才可能穩步攀爬成功的階梯。不過，若你是一個自律的人，在不傷害別人的情況下，力爭上游，最後獲至美好的成果，這樣才算是真正的成功。

專家特別為想升職的人，提供一些意見，作為參考：

1.坦誠告訴你的同事自己的野心與理想，不做暗箭傷人的事情。一切以實力取勝，自我要求嚴格。

2.在公平競爭的情況下，知道對方遇到什麼不快的事情，不可落井下石，只需表示同情，誠心祝福對方，你也不必特別為對方做什麼事情。

3.小心觀察上司對你的印象，是否滿意你的工作表現，才考慮應否向他提出升職的要求。

4.如果你想調升至另一部門較高的職位，首先你要想想自己是否能夠勝任，還是這只是你一廂情願的想法，沒有顧及其他外在的條件。

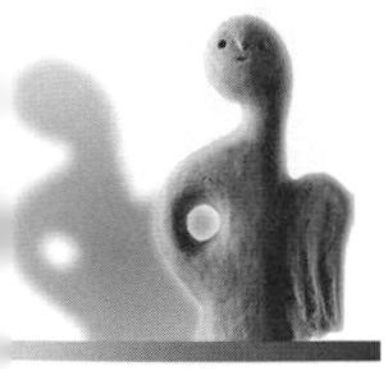

5.在一些重要工作上，你固然表現出色，但是也不能忽略微不足道的事情，如遲到早退、隨意請病假。上司可能會在這些事情上，認定你不是一個謹慎的人，這會影響你的升遷機會。

6.與對手競爭職位期間，你可能聽到不少對自己不利的謠傳，你應該充耳不聞，不要理會。

7.不要牽涉入任何一宗人事糾紛中，以免遭到魚池之殃。

晉升之前應該做的事情

我們已經瞭解如何分析自己所屬的公司或組織，以及如何確認自己目前的地位，還要分析上司、下屬與同事這三者間的人際關係，並進而強調如何去掌握下屬或上司的心。最後更要瞭解同事們的工作立場和生活立場，並探知他們的心願，使自己能掌握他們的心。

同事當然是指和自己做同樣工作的人。但有時職位相等，職務上卻有上下級之別，在此「同事」一詞，指比一般只是在一起工作的人還要親密些的工作夥伴。晉升機會日漸減少之時，每當有一個職位空缺，就有許多競爭者擠得頭破血流。在此情形下，想掌握同事們的

想要成功，避免別人整你，最重要的就是把自己應該做好的事情做好。

心，真是件極困難的事，更何況是去探知同事的心願。

古人說：「讓人三分，是為善之本。」如果能一面對同事懷著這種寬大的胸懷，一面觀望時機，捷足先登，比同事們爬得更高、更快，也並非不可能。在不違背自己的道德倫理觀念的原則下達成成功的目的，絕非困難之事。所以，在這裡所要敘述的重點，就是如何不使用詭詐的權謀霸術，而應以秉承為善之本，達到事業上的成功。

這裡應特別強調的是掌握同事的心，為什麼那麼重要呢？答案很明顯。

假定機會到來，輪到你可以晉升，你為了要讓這種可能性變成事實，首先必須讓你的同事，承認你有資格成為他們的新上司。再說，如果要讓你的同事臣服於你，為你效勞，也必須使他們對你的為人處事心服口服。說不定，人事部門在晉升你之前，會先徵詢你的同事們的意見：「你們肯替他工作嗎？」同事們所顯示的反應，雖不會直接左右人事單位的決定，但還是會被列為人事考核的參考資料。假使人事單位所得到的答案是：「要我替他做事，門兒都沒有！」那麼，即使你順利地晉升，將來也無法如願地管理你的下屬。

所以，你能否順利晉升，全看你是否掌握了同事的心，以及你的同事是否願意支持你，因此平常絕對不可疏忽在這方面的努力。

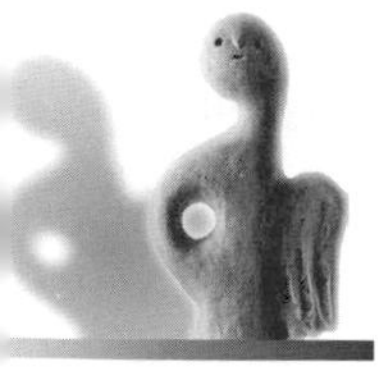

信心能夠幫助你

成功代表前程似錦的未來。成功帶給你富裕的生活——豪宅、歡樂假期、旅遊、新鮮事物、經濟保障以及給予下一代良好的生長；成功將會贏得同事、朋友、家人的尊敬；成功鞏固你的信心，使你不再有憂愁、恐懼與挫敗感；成功使你感到自豪，繼續追尋更加幸福美滿的人生，以及讓你有能力為仰賴你的人做更多的事。

成功就是勝利

成功——功成名就——乃是人生追求的目標。

每個人都想成功，每個人都想擁有最美好的人生，沒有人樂於庸碌一輩子，也沒有人喜歡平庸和有志難成的遺憾。

所謂愚公（信心）移山可說是相當貼切的闡釋成功要訣的至理名言。深信你有移山的本領，你就能把山移開。可是有這種自信的人並不多，因此成功的人也就不多見。偶爾，你也會聽見有人這麼說：「你以為嘴巴叫『山呀，移開呀！山就移開了。』簡直是癡人說夢話，根本不可能的事。」

有這種想法的人，顯然把信心與妄想弄混淆了。不錯，光是希望，並不能使你移山，也不能使你攀登龍門，坐擁財富或者躋身領導人地位。但是，只要你有信心，最終可以「移山」。只要你相信你會成功，成功最後也必將屬於你。

信心的力量既非魔術亦非神話

信心的功效即在此：「我一定能」的信念使你產生排除困難的力量、技巧與精力。一旦你相信「我一定能」，如何做的方法也就應運而生。

現在每天都有很多的年輕女性就職就業。這些年輕女性，個個都希望有一天能成功，享

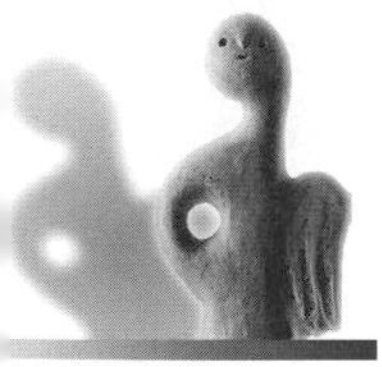

受成功的果實。但是她們當中，絕大多數的人都缺乏攀登頂峰的信心，因而不能身居高位。相信根本不可能爬到上面，是她們不費力去尋找攀高的階梯的原因。他們的這種態度，使她們只能做一個平庸的人。

不過，也有少數的年輕女性對自己充滿信心，她們抱著「總有一天我會攀登上去」的信念去做事。憑著無比的信心，她們成功了。就因為她們相信她們會成功，相信成功不是遙不可及的事，她們才仔細研究、觀察高級主管的言行舉止，學習他們如何處理問題與做決定，她們觀察成功者待人處事的態度。

自信的人會想出解決問題的辦法

娃娃兩年前決定出來開一家商店，許多人都勸她打消這種念頭，認為她絕對不可能開成。她只有不到幾萬元的積蓄。而開一家商店，單是投放資金，就需要好幾十萬元。

朋友勸說：「這種生意競爭激烈，再說你又沒有這方面的經驗，如何獨立經營呢？」但是娃娃堅信她一定會成功。她承認她欠資金，生意的競爭也的確激烈，她也確實沒有經驗。

「但是，」她說，「就我收集來的資料顯示，生意的前景大好，更重要的是，我研究過我的競爭對手，我有把握做到比任何一家商店都好。我知道在經營的過程中我可能犯錯，但不用太久，我就會在這行業中脫穎而出。」

她說得沒錯，她沒費多大功夫就籌到了資金。她對自己有無比的信心，贏得了兩位投資人的信任。以信心做後盾，她辦到了一件別人辦不到的事——一家工廠答應在不收押金的狀況下，提供她少量的貨源。

去年，她賣了超過一百萬元的商品。

「明年」，她說，「我的營業總額將超過兩百萬。」

信心，無比的信心，刺激我們想出解決問題的方法和對策，有自信的人也必能贏得他人的信賴。

相信自己能夠移山的人必能移山，相信自己無法移山的人當然不能將山移走，是信心激起力量去完成它。

實際上，在現代，信心不僅能移山，還能成就更偉大神聖的使命。今日的人類之所以能遠至太空探險，就因為我們深信可以征服太空。如果沒有堅定的不可動搖的相信人類可以征

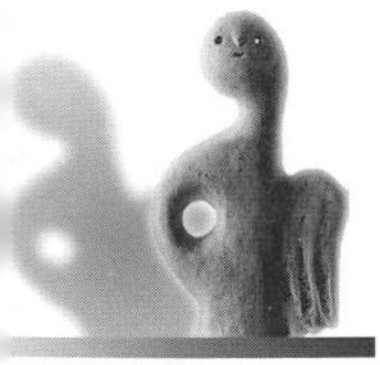

服太空的信心，科學家們也就不會有勇氣、興趣和狂熱去進行這項工作；相信癌症可以被治癒，才可能找出治癒癌症的良方；相信能在英吉利和歐洲大陸之間建成海底隧道。這條隧道現在就成為現實。

深信我會成功的人，必會成功

去年，我曾和許多行業失敗的人會談。我聽了很多失敗的理由和藉口，從他們說話中我可以洞察他們之所以失敗的原因。失敗者常會不經意的說，老實說「我根本不認為我會成功。我早就知道是不可能的」。或者「事實上失敗早在我預料之中」。「好吧，我去試，可是我不認為會成功。」這種消極的態度是造成失敗的原因。

否定自己是種消極的力量，當你否定自己或懷疑自己的能力時，心中自會產生理由認同你的否定。懷疑、不相信、潛意識認為一定會失敗以及並不真正渴望成功，是大部分人之所以失敗的原因。懷疑自己能力的人，註定要失敗。樂觀自信的人，則必定會走上成功之路。

一位年輕的小說家最近和我談及他的寫作抱負，提到了一位知名度頗高的作家。他說：「X先生是位了不起的作家，當然，我是不可能有他那種成就的。」

他的想法令我非常失望，因為我認得他所提的那位作家。事實上，他除了非常自負外，既不十分聰明，也不特別有悟性，更非在其他方面有高人一等的表現。只是他自信是個名作家，所以表現出來的，就像大作家的樣子。

尊敬前輩是應該的。向他學習，觀察他，研究他，但不要崇拜他。相信你可以超越他，相信你比他做得更好，那些保持次等人心態的人，永遠只能做個次等人。

讓我們這樣來看，信心好比是左右我們一生成就的調溫器。一個平庸原地踏步的人，他相信自己沒有什麼本領，所以獲得的成就也少。他相信自己成不了大事，所以他也就沒有成就什麼大事。他相信自己不重要，所以他扮演的始終是可有可無的小角色。等時間過去，從他的談吐、走路、行為等，都顯示出他缺乏信心。除非他往上調高自己的調溫器，否則他會畏縮，妄自菲薄。同時，自輕者人必輕之，連他自己都不相信自己，別人更不會相信他了。

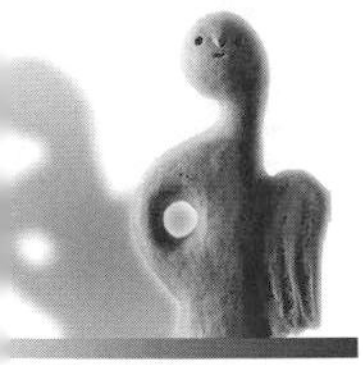

自信三要訣

擁有並培養自信心的要訣有三：

1.**想我會成功，不要想我會失敗：**無論做什麼，都想會成功。遇到困難，想「我一定能克服」，不要想「我完了」；和別人競爭，「我比他好」，不要想「我比他差」。機會來臨，想「沒問題」，讓你的思想充溢著「我一定會成功」的信念，成功的信念激發你想出邁向成功的計畫。失敗的想法則正好相反，想你會失敗將使你生出步向失敗之路的思想。

2.**不時提醒自己，我比我想像中的要好：**成功的人不是超人，成功也不需要特別的才智，成功並不神秘，也並非靠運氣。成功的人只是那些能自信，相信自己一定會成功的普通人。千萬不要自貶身價。

3.**立大志：**成功的大小取決你對自己信任的態度。目標立的小，所得的成就也就小；目標立的大，所得的成就自然也就大。另外記住一點：大抱負、大理想比小抱負、小理想雖然更難實現，但只要不懈努力，也終究會實現的。

某公司的董事長在一次高層會議上說：「……我們需要的是那些有心為自己也為公司做事業的人，沒有人能命令他人去發展……一個人是否是落後或超前，全看他的努力。這需要時間、工作和犧牲，沒有人幫你做這些事。」

董事長的忠告睿智而實際。那些在工商管理、推銷、工程、宗教、寫作、演藝以及各方面有成就的人，都是按部就班，持之以恆地照自我成功的計畫實行。

任何訓練計畫必須包含三方面：第一必須要有心，教你要做些什麼；第二要有方法，教你怎麼去做；第三要經得起檢驗，得到結果。

為成功而做的自我訓練的第一步，就是學習成功者的技巧，看他們如何管理自己，如何克服困難，如何贏得他人的尊敬，和普通人有什麼不同，怎麼思考。

接下來，則是一連串列為指南。這些指南你在每章都能發現，它們非常有用，試著應用於實際生活，然後看發生什麼樣的效用。

至於訓練計畫最重要的部分——結果。籠統地說，就是只要確實照著這個計畫去做，那些現在看來不可能的事，都會變成可能。如果細數，它將會帶來一連串的回報，包括你家人的尊敬、朋友的羨慕、自我良好的感覺，還有地位、薪水以及生活水準的提高。

你的訓練完全是自己擬定的，沒有人會站在你的身邊告訴你要做什麼以及如何地去做。這本書可做為你的指南，但只有你自己最瞭解自己。只有你可以命令自己去應用這個訓練，只有你可以評估你的進展，只有你可以糾正你自己的缺點和失誤。簡單地說，只有靠你自己一步步地邁向成功之路。

你已擁有一個可供你工作、研究的現成實驗室。環繞著你，由人組合而成的大實驗研究中，充斥著人生百態供你研究。你就像一個科學家有自己的實驗室，可以盡情地實驗。另外，你不須繳房租或任何費用，你可盡情地免費使用這個實驗室。你是實驗室的主任，你當然也想和每位科學家做的一樣：觀察與做實驗。

你會不會覺得奇怪，人與人相處，卻不明瞭那些人為什麼要那麼做。大部分人都沒受過觀察他人的訓練。這本書的宗旨之一，就在訓練你去觀察他人，洞察他人的行為。你要常問自己：「為什麼張三那麼成功，李四卻只是無名小輩呢？」「為什麼有些人樂於接納某個人告訴他的意見，卻拒絕其他人提出的相同意見呢？」一旦經過訓練，透過最簡單的觀察，你就會學到最寶貴的經驗。

這裡有兩點特別的建議，以期幫助你成為一個受過訓練的觀察者。首先，在你認識的人中，各選一個最成功與最不成功的人，然後參照本書所講的，仔細觀察你成功的朋友如何堅守他的成功原則。同時去注意研究這兩個極端，你將瞭解照本書講的去做，是何等的聰明之舉。

每當你和人接觸一次，就多一次機會瞭解自己的進展，你的目的是讓成功的言行變成習慣性。我們練習的機會愈多，也就愈能得心應手。我們每個人都有喜歡養花蒔草的朋友，也都聽他們說過類似的話：「看這些花花草草生長是件興奮的事；看它們吸取營養、水分後的反應；看它們今天比上星期又長了多少。」人類細心照顧大自然的結果令人興奮。但遠不及你經過自我訓練後的成績令人陶醉。

充滿自信四件事

自信，是與同事協調人際關係必不可少的條件。

1.坦然的目光：當你與自己的同事交談時，無論你覺得怎樣的害怕或躊躇，都要看著對方，在直接凝視對方的同時，帶著一種友好的微笑，這會給你帶來自信，使你更容易講出你必須說的事情，當然這種直接的注視，不是死死地盯著對方，這會使對方感到不安。也不必玩那種「居高臨下，俯視別人」的把戲，同時要避免目光遊移不定、東張西望。

2.儘量想自己的長處：人最大的弱點就是自我貶值。自古以來，哲學家們已給我們一個極重要的忠告：瞭解你自己。但是大部分人看上去，把這一忠告譯成是僅僅瞭解消極的自我，他們過多地看到自己的缺點、短處和無能。知道自己的不足是一件好事，但如果僅知道自己消極的一面，情況就糟了。你可以試著找到自己的真正價值：

(1)請幾個不錯的朋友在一起，幫助你尋找自身的優點，他們會說出真實的看法，使你充滿自信。

(2)在每個優點的下面，寫下一個成功者的名字，而這些人都是你認識的，已經取得極大成功的人。但在這幾個方面，他們卻不如你做得好。做完這些，你會發現你超越了許多成功者，至少是在某個方面。你會得出這樣的結論：你比想像中的自我要偉大得多。

3.相信自己一定能成功：對自身能力抱有信心的人比缺乏這種信心的人更有可能獲得成

功，儘管後者很可能比前者更有能力、更加勤奮。即使在尚未達到目標時，也應以成功者的姿態出現。還有一種有效的方法，稱為「形象十七預想」。這種方法很簡單，每天只花十分鐘時間做一做，就能有所收益。第一步，想像自己是一個成功者。比如，想像自己坐在豪華的辦公室或會議室裡，正在對手下訓話，他們專心致志，聆聽著你的每一句話。第二步，閉上眼睛，全身放鬆，盡可能地在腦子裡構想上述情景，使你的成功者形象進一步具體化或者視覺化。這樣持續十分鐘，眼睛要始終閉著。你可能要出神，圖像會消失。但即使這樣也沒關係，只要圖像能再次出現就行了。圖像中的某些細節，可能會發生變化，這意味著你的直覺的右半腦正在修正想像中的成功形象，使其成為現實。經過一星期左右的這種「形象化預想」練習，你會發現自己的某些態度或行為已開始發生變化。可能是變得比較果斷，比較輕鬆或比較熱情了。不管怎麼說，這種變化表明你的直覺正在引導你慢慢地接近你想像中的成功。

4.**把積極思想存入大腦**：每個人都會遇到許多不愉快、令人尷尬、使人洩氣的場合，但成功者與不成功者會以兩種截然不同的態度來處理同一事件。不成功的人常把這些不愉快的事深深地埋在心底，他們不停地想著這事，怎麼也擺脫不了這些事的糾

纏。自信的成功者，則完全採取另一種方法「我再也不想它了」。成功者善於把積極的想法存入大腦。因為存在大腦中的消極的、不愉快的思想，會使你感到憂慮、沮喪，使你停滯不前，所以一定要避免回憶不愉快的情形和事件。當你一個人的時候，要經常回憶愉快、積極的經歷，把好的消息全部存入大腦，這樣會提高你的自信心，給你以良好的自我感覺，也將幫助你的身體良性運轉。使你的大腦產生積極作用的極好辦法就是：每次睡覺前，你把自己的積極思想儲存在大腦裡，想想你幸運和愉快的事，回憶你取得的，哪怕是小小的成功與勝利，把所有使你愉快的事回憶一遍。

做好自己應該做的事情

俗話說：但行好事，莫問前程。在與上司相處的過程中，下屬應該做到：「只問工作，不問前程」，絕不應該出了一點力就覺得了不起，就以此向上司「伸手」，要這要那，討價還價。如果有了一點成績就想在上司那得到「補償」，那就不可能建立起正常的上下級關係，就是已經建立起來了也是不可能長久。在這方面，要注意把握以下幾點：

1.**絕不向上司提出非分要求：**無論做了多少工作，取得了多大的成就，要多想上司和同事們的關心、幫助，少想自己付出的勞動。要把做好工作、取得成績看做是情理之中的事，是自己應盡的責任。要把「只問工作，不問前程」，看作是一種美德。就是在別人沒有你工作做得好，卻得到上司的獎勵甚至重用的情況下，也要不為所動，一心苦幹工作。要懂得，伸手要獎勵是要不到的。一個人工作做得如何，該不該受到獎勵和重用，要由上司和同事評定。伸手要這要那，就等於自己貶低了自己。

2.**每天從零開始：**要踏踏實實地做好上司交付的工作，不能靠一時的熱情和衝動，也不能陶醉於一時一事的成績，必須每天從零開始。不能囿於已有的經驗，滿足以往的成功，要知道，上司識別和評價一個人，不是看一時一事，更不是看表面東西，而是要看你的全部工作和表現。路遙知馬力，日久見人心。堅持每天從零開始，每天都以蓬勃的朝氣投入工

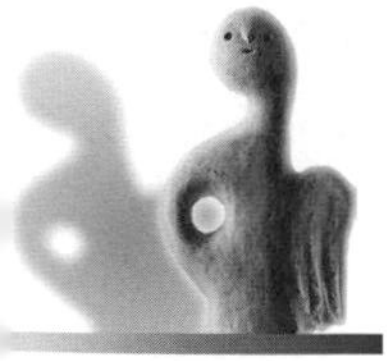

作，並積極創造新的成績，日久天長，你就一定會在上司心目中佔有一席之地。你越是只苦幹工作，不問前程，就越能夠受到上司的褒獎或重用。

3.不要故意炫耀自己的工作成績：工作做出了成績固然是好事，但如果把成績當包袱背起來，或者有一點成績就到處炫耀，那就會適得其反，好事就會變成壞事。一個人受到上司表揚或獎勵時，容易產生「不要驕傲」的自我控制意識；而當做出成績沒有得到肯定或上司沒有滿足其某種要求時，則容易產生心理失衡，不恰當地誇大自身的作用，甚至不謙虛地表白自己所做的努力。因此，要做一個「心底無私」的好下屬，必須努力擺正自己與上司、同事的位置，不計名利，甘願寂寞，一如既往地做好自己的工作。這樣，就可能最終實現「長風破浪會有時，直掛雲帆濟滄海」的願望。

善於表現

在我們身邊有這樣的人，他在工作時非常賣力，他勤奮、忠誠、守時、可靠並且多才多藝；他為公司付出許多時間與精力，他應該是前途光明。但事實並非如此，他什麼也沒有得到。別人，比他差很多的人，都不斷地獲得升遷及加薪。因為他不懂得表現自己，上級從來沒有注意到他。如果你正巧是這個可憐人，那麼讓我給你講兩個真實故事。

有個承包工程的老闆，親自督導一幢摩天大樓的興建工作。一名衣衫襤褸的小孩，走到這位衣服光鮮的大老闆身旁，問道：「我長大之後，怎樣才能像你那麼有錢？」這位老闆上了年紀，是從做小工苦出身的。他看了看那個小孩，然後粗聲粗氣地說：「買件紅色襯衫，然後拚命工作。」

那小孩被對方的語氣嚇了一跳。他顯然不明白那個老闆的話。於是，老闆用手指指那些往來於大樓各層鷹架的工人，然後對小孩說：「你看看那邊的工人，他們全是我的員工。我不記得他們的名字。而且，他們之中，有些人我從未見過。但你看看那個穿紅衣服的。他很特別，因為大家都穿藍色，只有他一個人穿紅色的。而根據我近日的觀察他比其他工人都認真，每天早到遲退，工作時手腳又勤快。我之所以注意到他，是因為他穿著與眾不同的衣

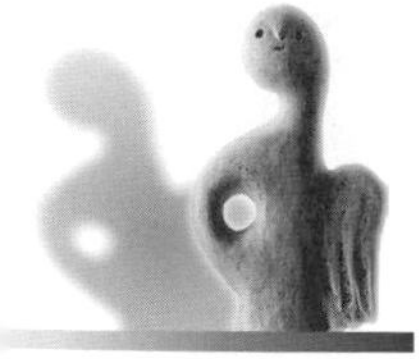

服。我打算上那兒去，問他願不願做工地的監工。他肯做的話，日後，也一定會這樣做起來的。過去我當工人時，跟大家一樣穿工人褲，但我的上衣是一件與眾不同的條紋襯衫。這樣，老闆才會注意到我。我拚命地工作，最後真的受到老闆的注意和賞識。升遷後，我存一筆錢，自己開公司當老闆。我就是這樣創出今天的局面的。」

日本企業界有位青年經理，每當做完一件相當困難的事，就站起來做一個深呼吸，大聲地說：「天下無難事，只怕有心人。」他的上司聽到他的聲音，嚇了一跳而問他：「你是什麼意思？」這位青年經理說：「我死去的父親常告訴我以後碰到困難，就這樣高喊三遍，即會湧出無限的精力。我沒什麼，請你放心。」「哦！你真了不起，以後請照這樣做下去。」上司很讚賞他這種自我激勵的工作精神。

以上兩個故事的主人公正是用很簡單的方式引起了上司的注意和讚賞。看完以上二則故事。你是否覺得適當的表現自己很重要，若是如此，學習表現自己，爬上成功的階梯就會容易多了。然而，表現自己並非如想像的那樣簡單，首先你應有值得表現的東西，哪怕是工作幹勁和精神，但這些都應是真實的。真正的自我推銷還需有創意，需要良好的技巧和表現藝術。

為了避免不必要的冷言冷語，待人方面還是低調些，謙遜些好。要區分表現與炫耀，炫耀是刺眼的，招惹他人妒忌；表現是照亮某個工作範圍，得到他人的讚賞。表現自己要看內容、手段。在分內工作上要力求做到最好。事無大小，要全力以赴。不要有「小事不做」的觀念。通常職責多少、重要與否是跟以往的工作表現成正比例的。

要在主管面前表現自己，這是大家都知道的。讓有權控制升遷的人知道你有優良表現；此外，在同事面前，一定要保持最佳狀態，要讓同事也覺得你辦事能力強，理由是同事對你的評價，也是主管考慮是否提拔你的因素。當然，要讓同事覺得你升級是值得的，贏取他們的敬佩。

不要理會別人的閒言碎語。人人都因為希望獲得主管的賞識，得到提拔，展開明爭暗鬥。誰跑在最前頭，誰就成為眾矢之的，中傷、謠言、閒言碎語、冷語，最易令人困擾，挫傷工作熱情和鬥志。因此，集中精神工作，只要閒言碎語無損你的形象和前途，就不要理會，你為閒言碎語而煩惱，別人會暗地裡高興。爭取工作表現，利用優良的工作成績回答閒言碎語。讓人知道你是憑實力得到主管賞識的。閒言碎語或對你的誤解，早晚會消失的。

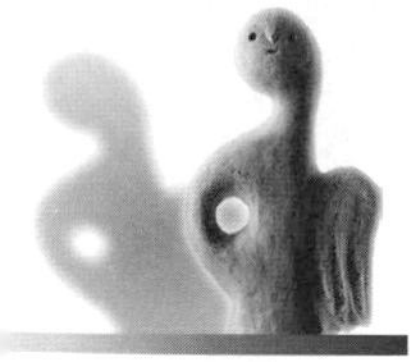

想要成功，避免別人整你，最重要的就是把自己應該做好的事情做好。

戰勝自己

很多人為求自保，不惜花費許多心力於人事關係上，誤以為可將對手一一打倒，自己便能平安大吉，扶搖直上，這其實是很無知的想法。唯有不斷充實自己，替事業打好穩固的基礎，令自己變成難得的人才，處處受到重視，對手便無計可施，不戰而降。

辨公室裡真正的敵人，究竟是誰？答案是：「自己」。你應懂得一天的工作一天完成之理，否則便不下班回家吃飯。常常為自己定下一些目標，時時反省自己的處事方式和待人態度，有沒有需要改善的地方，令自己保持言行一致的作風，培養對工作的投入感，充實地度過每一天。

怎樣才能知道自己的言行舉止合乎正道，而又處變不驚呢？這就要求你不要隨便相信人家對你的讚美。如果你希望得到最忠誠而坦率的意見，你甚至應該對公司裡最低級的信差或接線生表示友好的態度，客觀地聽取他們對你的批評。假若他們根本不願意跟你講什麼知心話，你便要留神，這表示你在待人接物方面存在問題。

第五章・讓上司覺得你重要

如果不想讓上司把你踩來踩去，最簡單的方法就是讓上司覺得離不開你，你需要好好地工作，用自己的實力去證明你的重要性。

更重要的是，你要學會如何表現，好讓上司更明確地認識到你的重要性。

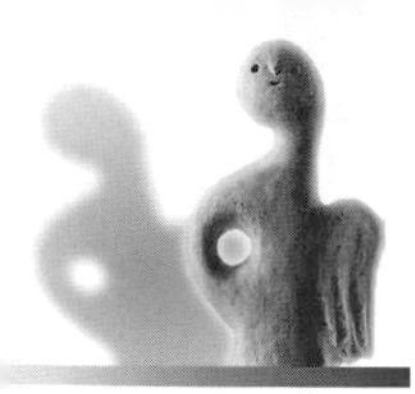

和上司建立和諧的關係

下屬與上級的關係是否和諧，不僅取決於上司的素質優劣，同時也取決於下屬的素質高低。俗話說：「一個巴掌拍不響」，如果你遇到素質低的上司，就很難與其建立良好的關係，同樣，上司遇到素質較低的下屬，也會感到難以和諧相處。在經濟迅速發展的今天，上司同下屬之間同樣存在著雙向選擇，如何做一個讓上司喜歡的下屬就成為一件非常重要的事。只有具備以下條件，才能同上司建立和諧的人際關係。

1. **良好的社會道德**：提起道德，這是一個連小學生都知道的字眼，但是，真正能夠理解它，並且按照它的要求去做卻是一件不容易的事。儘管不同的時代和社會，有不同的道德要求，但從本質上看，道德反映著人們出於美好願望而對自身行為所要求達到的一種社會行為規範。通俗地講，良好的社會道德，是以多數人的良好願望為基礎的。如遵紀守法，愛護公物，助人為樂，敬老尊賢，見義勇為等等，這些都是屬於社會道德的範疇。

要知道，上司也是社會的成員，他們自然地生存在社會道德規範所約束的範圍之內。

如果不想讓上司把你踩來踩去，你要學會如何表現，好讓上司更為明確地認識到你的重要。

良好的社會道德風氣將有利於各公司裡發展自己的事業，只有社會的穩定，人民的和諧，各個部門和企業才會發展和進步。因此，只有具備良好的社會道德的下屬，才會得到上級的喜歡。相反，對於在社會道德方面有前科、影響惡劣、又不思悔改的下屬，上司會像躲避瘟疫那樣，將其拒之門外。我們每個人都應自覺培養良好的社會道德，它不僅會使你的形象良好，而且將給你帶來應有的利益和價值。

2.良好的職業道德：職業道德，是社會道德在行業、產業領域的具體表現，也就是說職業道德體現著社會道德。作為下屬，職業道德素質的好壞，不僅會影響個人的工作價值及升遷加薪，同時也會影響整個部門的形象。所以說，作為有修養的上級，尤其注重對下屬職業道德的培養，因為他們知道，良好的職業道德，會增強部門的競爭能力及良好的經濟效益。

對上司要體貼服從

「上司」一詞，說法也許不一，但意義卻只有一個：一個你受命於他而又要聽命於他的

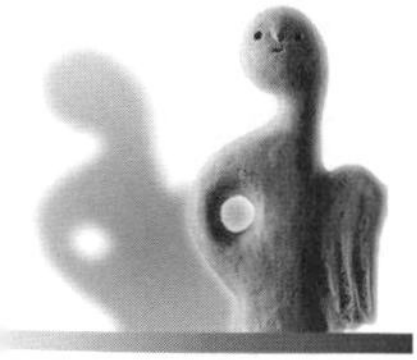

如果不想讓上司把你踩來踩去，你要學會如何表現，好讓上司更為明確地認識到你的重要。

人。

與上司關係良好，自然是再稱心不過的事，既可以擁有和諧的工作關係，也可以獲得賞識、器重、指點、提拔、升官、加薪……。相反，若與上司關係不和，如果他又是一個喜歡報復的人，你便如同「罪犯」一樣，所有權益均被中止或剝奪，甚至造成嚴重的精神壓力，影響身心健康。

事實上，上司眼中的僱員是什麼樣的人，一般是要視他是人事取向還是工作取向。前者有人性、感情可言，後者卻是求效率和結果。所以，選上司就有如女人挑丈夫一樣錯不得，否則小則工作不順心，大則前途盡毀。跟隨壓力型的上司，你必須作好心理準備，否則隨時有神經衰弱、錯亂及崩潰的可能。故此，在入行前必須肯定自己能夠在壓力中工作，否則還是溜之大吉吧！大凡這種壓力型上司通常面目嚴肅，不苟言笑，以效率、成績為依歸。儘管他們也懂得慰勞軍心的技巧，卻又不斷施予壓力，要求下屬一切都做到最好，稍有差錯便罵。

有以上表現的上司，基本推斷也是在此種環境中成長的一群，早已習慣於在緊張氣氛下工作與生存，不自覺地便施加在他人身上。

當然，初出茅廬者若遇到這種上司往往有喘不過氣之感。不過，若你能克服種種困難，守得雲開見月明，不知不覺中，你可能發現已進步神速，隨時可有效地、獨立地應付任何工作，面對困難不畏，面對壓力不懼，從容不迫，應付自如。

有一個朋友明德，是典型壓力派上司，對下屬要求嚴厲甚至苛刻，經常在緊迫情況下要下屬完成繁雜的工作。然而，手下一班員工卻異常賣力，工作認真且個個有大將之風。這班下屬其實都對他甚為不滿，經常在茶餘飯後大罵他一頓。明德自然有所耳聞，不過心想給他們一些發洩可能對工作更有幫助，所以就充耳不聞，佯作不知。

屬下對上司的不滿，有的可能早已面臨沸點，但仍強忍下去，其實是基於他們暗自也承認，此類上司的確可訓練個人工作能力，他日可能有獨當一面的機會，便只好默默苦幹。當然，其中亦有不少半途而廢，缺乏耐力和拼勁之人。不過，剩下來的卻全是足以獨挑大樑的大將，所以明德暗地裡也沾沾自喜。

你若遇上此類上司，其實真是非常值得慶幸，因為將來必有所成就。但假使你身體孱弱，不堪刺激，為了個人安危，避免有損身心健康，還是認命，退避三舍吧！

面試前先作全身檢查，肯定個人身體強健，能刻苦耐勞，面對壓力心臟活動正常，才決定加入這類上班族的行列。

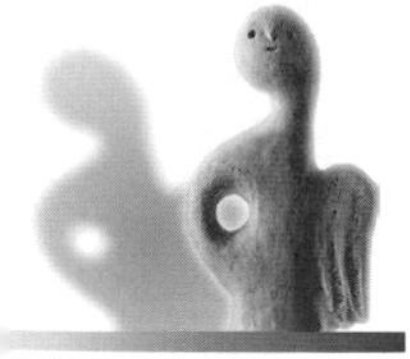

冷感型的上司往往是喜怒不形於色，性格難以捉摸，脾氣怪僻，對任何事物無動於衷。他們日常話題只會圍繞工作展開，對其他事情毫不關心，對人際關係亦不加理會，是令屬下敬而遠之的人物。

與這種人為伍本來已是沒有樂趣可言，作為他的下屬就更加凄涼，因為你不會得到讚賞和指導，只會被作為機器使用。在這種上司眼中，辦公室內人際關係就是非人情化的，一切建立於功能與報酬關係中，沒有個人和感情存在。

對他們來說，效率和結果是最重要的。不論你身心情況怎樣，情緒如何變化，他們都漠不關心。這種上司每一句話都是有用的、直接的和絕對的，所以千萬別企圖為自己的失職找任何一個藉口，倒不如承認失職來得乾淨俐落。

假使剛出社會便跟隨這種上司，必須小心調節個人情緒，公私分明。要記住工作只是生活一部分，在業餘時間必須把辦公室內的冷漠、壓力和不平等拋諸腦後，使自己回復正常狀態，次日再投身工作。可千萬別因此對自我及人際關係失去信心，因為這間接會影響到你的工作情緒、表現，從而意志消沉不能成為優秀上班族。

所謂「以其人之道還治其人之身」，如要與該類型上司相處，自己也必須抱著以工作為先的態度。比如我有一位朋友奇君，多年前還是無名小卒一名，對社會百態甚為無知，更不懂人情世故，上班總是戰戰兢兢，唯恐表現不佳。

奇君的第一份工作，便是跟隨一位看來非常古板、嚴肅、冷淡的上司，最初也不懂得如何面對。後來，他想，與其這樣亂衝亂撞，不如以不變以應萬變，實行以靜制動。於是就不作任何反應，無視上司、同僚的面部表情和態度，我行我素，專心工作。

一般來說，上班族若堅持著這種態度，是非常危險的。不過，遇到這類型上司應另當別論，反而可以建立協調關係。與此同時，亦可以全面投入工作，專注個人表現，上司自然賞識。「因人施治」，對著不同類型的人就必須施行不同的辦法治。一本通書是不能看到老的，而是要作出適當調節，那麼，就是再大的困難也可以克服。

無恥型的上司往往令人想到濫用職權，壓榨下屬，反覆口舌，見利忘義之輩。他們表面可能站在公司立場，與下屬抗衡，甚至剝削他們權益，其實只是「食敵之糧」的計策——奪取他人的資源以壯大個人的力量。

較為常見的情況是，他們會運用職權，把下屬的成就歸於自己，用種種手段來安撫非常不滿的下屬，然後自己安然去邀功，更上一層樓。當他們針對某些人時，便會處處壓制他、

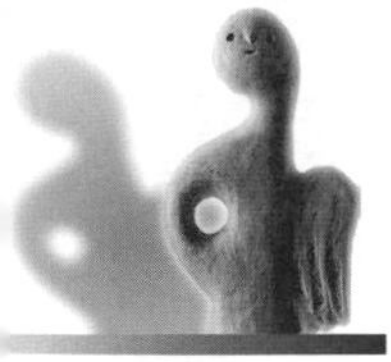

挑剔他，令他在公司內無立足之地，還會堂而皇之地指出只是為公司利益，才迫不得已如此去做。

但他們最擅長的恐怕是口舌反覆了。講的是一套，做的是一套，一點羞恥心也沒有。他們能言善辯，所以，聽的人要加倍小心。他們對於屬下是一點也不刻薄的，且表現得親切友善，如同朋友般密切相處、異常融洽。所謂「糖衣毒藥」正是這種人借用經濟學裡物盡其用的原理，盡可能地利用你的價值。

由於這類型上司往往只針對他人，以及喜歡損人利己，所以必須要和他保持良好關係，切勿開罪，否則必自尋死路。我就曾經目睹一場驚心動魄的事。

某報社有一位新來的大學生志彥，職位是助理編輯，頗具文才，老總對他讚賞不已，於是便要他在業餘為報社多寫幾篇文章，一則有經濟收益，二則也可發揮其才華。

這名新人自然喜上眉梢，同事們皆為他大感開心，唯獨頂頭上司就不太高興。常常諸多壓制，當志彥交稿之際，每每辭嚴吝色，指出其文章質素低劣，刊登出來也必貽笑大方，把他罵得狗血淋頭。凡創作的人最痛心者莫過於自己的作品被人踐踏，何況還落得如此地步。

其實，公司內員工皆知道志彥文采不凡，是後起之秀，若加以栽培必然前途無限。但他經過上司如此批評，信心也就少了一半。

但故事並未告終，這個無恥的上司竟私底下把原文改頭換面，然後把他更改之後的破文章拿給老總看。老總見志彥火候未夠，便又削減派給他的工作。他被人落井下石，信心大失，再也提不起勁，更以為自己也不是什麼寫作人才。

這種遭遇在社會上是頗為常見的，但是對涉世未深者而言就如一盆冷水，將滿胸熱誠都撲滅了。對這種人，我覺得避之則吉。

無常型不比無恥型，他們的侵略性、戰鬥性都比較弱，大部分時間都沒有攻擊性。通常是笑面迎人，態度可親，不過，這只是他的一面。具體一點來說，他們是雙面人，有雙重的性格且情緒化，言行矛盾，忽冷忽熱，搖擺不定，衝動起來就旁若無人地大發脾氣，不能自制。

這種類型的上司最麻煩的是要求前後不一致，時寬時緊，今天要這個，明日要那個，令人無所適從，不知所措。作下屬的就要捉摸他的脾性，或弄清影響到其情緒變化的因素，加以應付。其實，只要你花點時間，搜集一些有關資料，經過細心分析後，必然就能得到一點端倪。

禮讓氣量狹小的上司

由於自身發展的需要，多數人不得不與氣量狹小的上司打交道。只要我們注意講究些方法和技巧，就能同氣量狹小的上司建立起比較和諧的人際關係。與氣量狹小的上司相處，要掌握以下要點：

1.須瞭解氣量狹小上司的特點：氣量狹小的上司，最重要的特點是處處以自我為中心，自以為是，目光短淺，常常在蠅頭小利上寸步不讓。在平時的工作中，這樣的上司很難與人友好相處，因為他們處處與人計較，時時猜疑別人在損害自己的利益，生怕個人利益受到一丁點損害。說白了，這樣的上司只能沾光，不能吃虧。就連吃小虧佔大便宜這樣的簡單道理在他們那裡也行不通，總的來說就是只顧眼前，不計長遠。

2.應該明白氣量與能力的關係：我們說與氣量狹小的上司難打交道，是指我們尚未瞭解他們的短處，缺乏與他們打交道的勇氣。實際上，只要我們瞭解這類上司的氣質特徵，並採取相應的對策，那麼，作為下屬，完全有可能與這些氣量狹小的上司和諧相處。

如果不想讓上司把你踩來踩去，你要學會如何表現，好讓上司更為明確地認識到你的重要。

其實，只要你認真觀察一下就會發現，很多氣量狹小的上司，一般是頭腦比較簡單，缺乏深思熟慮，儘管在管理工作中，面對自己的下屬，他們或裝腔作勢，或聲色俱厲，或故作大度，或耍一些小聰明，但是他們氣量不足，目光短淺的缺點，總會暴露出來。不少事例說明，氣量越狹小，能力就越差。瞭解了這一點，你在與此類上司打交道時，就會有足夠的勇氣坦然應付。從心理學角度來講，與氣量狹小的上司打交道，發現了他的不足與缺陷，有助於提高自己的勇氣。同時，你也就能找到有效的方法與之周旋，以達到預期的效果。

3.講究打交道的策略：下屬要想獲得理想的工作業績，在有勇氣的基礎上，還要運用一些相應的策略。

(1)**讓在先：**在與心胸狹小的上司打交道時，最重要的策略之一是一個「讓」字。「讓」就是首先考慮他人的利益。心胸狹小的上司，最明顯的特點是斤斤計較，只要不是重大的、涉及下屬切身利益的事，下屬還是應該主動「讓」一步。而對那些目光短淺、心胸狹小的上司來說，這正是他們的缺陷。同時，這也是他們丟給那些聰明的下屬可以利用的機會。退一步海闊天空，講的就是這個道理。

(2)**虧為本：**吃虧不是好事，誰也不願意吃虧。但大多數聰明的人，在一些小事情上，主動

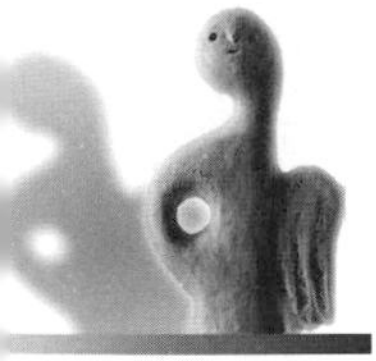

讓自己吃「虧」，他們認為這種為自己日後有所發展的「虧」吃得值得。然而，有些心胸狹小的上司，算不透這道用數學難以計算、用辯證法才能解答的數學題。他們不能吃虧，哪怕一點蠅頭小利也不放過。下屬在與這類上司打交道時，遇事要抱吃虧的態度，否則，這類上司將難容你在他的手下工作。

(3)**以大度對狹小：**當你在心胸狹小的上司手下工作，可能會受到無端的斥責，故意的冤枉，或被「穿小鞋」，但是，只要這些行為，不對你構成重大的利益損失，請你不妨表現得寬容大度一些。因為，那些心胸狹小的人常常難以理喻，如果與其相爭，只會越爭麻煩越多。況且，這些心胸狹小的人，工作能力有限，但要小心眼、小手段的能力卻高人一籌，如果你們爭吵起來，日後他會用更惡劣的手段對付你。所以，與這類上司相處，應以大度對狹小，不搞報復，不搞以牙還牙，以你的大度促使其覺悟，這種做法有利於營造寬鬆的人際氛圍，當然也有利於改善你與上司的人際關係。

(4)**守拙是福：**一般來講，心胸狹小的上司決不會主動讓那些個性鮮明、勇於開拓、敢於創新、能力較強的下屬出人頭地，超過自己。舉這樣一個例子：某公司總經理要選擇自己的副總，他手下有三名總經理助理。對於這個問題，職員們議論紛紛，都說其中一位剛當上經理助理的年輕人能力強，是不可多得的人才。總經理對此完全清楚。於是，他讓這位年輕人負責一項不可能實現的工作計畫，並不斷給他施加壓力，使這位年輕人被迫調離。最終的接班人是一位能力在總經理之下的平庸者。所以說，狹隘自私的上司常常喜歡表現得愚鈍、老實、就是受到不公正待遇也不知反抗的下屬，這樣他們投機取巧的劣跡，才不至於被那些聰明、能幹的下屬發現。對於在各方面的能力都比較好的人來說，遇到這類上司時，還是暫時守拙為好，不然，你將會在尚未站穩腳跟，事業未竟之初就被你的上司整掉了。

霸道型上司在管理的過程中，往往缺乏民主意識，在他的潛意識裡認為他所轄範圍內只有他一人說了算。這類上司為人霸道，視下屬為勞動的工具，無論在什麼場合，輕則隨意惡語相傷，重則開除「炒魷魚」。雖然這類上司為數不多，但在一些單位和部門還是不同程度地存在著。如何同這樣的上司打交道，也是你需要好好把握的。

現在，各大企業、公司紛紛精簡機構、裁減人員，這是符合優化組合、優勝劣敗的客觀規律。但是，有些霸道型的上司，藉口「優化組合」而排除異己，搞親化組合、派化組合，其結果不但沒有提高工作效率，反而結黨營私，導致了嚴重的腐敗現象。

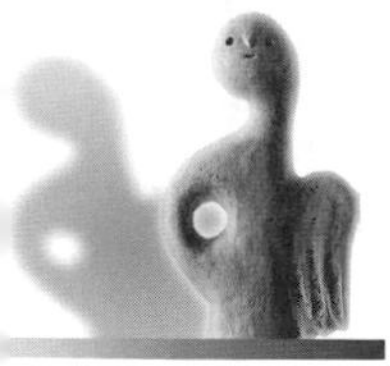

如果不想讓上司把你踩來踩去，你要學會如何表現，好讓上司更為明確地認識到你的重要。

有人說在動物界，驢與馬的「優化組合」可以產生體質、能力比驢和馬都強的騾子，由那些品質惡劣、行為霸道的上司搞的所謂「優化組合」，卻只會產生大量的危害社會的腐敗分子。這樣的上司常常聽不進逆耳的意見，對下屬的建議和意見，或者「鎮壓」，或者「秋後算帳」。

其實，無論從哲學的角度，還是從實踐上看，霸道都不是水準和能力的體現，恰恰相反，則是愚而詐，虛而假的表現，霸道者，往往都是紙老虎。所以，你在與霸道型上司打交道時，千萬不要被他外在的假象所迷惑，不需要對他畏懼其前，惶恐其後。正確的做法是：

1.**不卑不亢：**在與這類上司打交道時，你不能在氣勢上輸給他，如果你見到他連站起來的勇氣都沒有，那麼他會更加霸道。

2.**冷靜對待：**倘若這類上司的霸道行為，對你並不構成侵權和重大傷害時，一般可以做「冷」處理，不必認真計較。比如，上司為了工作上的一件小事對你大發脾氣，或者偶有惡語相加，對此類事情你應該一忍了之。

3.**做出適當反應：**也就是說，你應該根據上司的霸道作風對你造成的傷害程度，做出相對應的抗爭表示，但要掌握分寸，點到為止，因為霸道型的上司容不下反對的意見，如果你還不想離開這個單位，就不要過分刺激你的上司。

據理力爭

在一般職員的心目中，相信沒有什麼比遇到一個愛挑剔的上司更令人沮喪的事情。下班後回到家裡，你可能依然怒氣未消，皺著眉，對旁邊的人虎視眈眈，隨時準備遷怒於他們。可是，靜心一想，他們得罪了你嗎？

毫無疑問，答案是否定的。你對親人肆意放縱，是治標不治本的愚蠢行為。正視問題，嘗試與你的上司相處，針對事情而不是針對個人，學會不把公事煩惱帶回家，針對不同的人待以不同的態度。例如：老闆無理取鬧的時候，你應當據理力爭，抱著「我錯了會承認，不是我的錯而要我認錯，恕難照辦」的態度，你會工作得快樂一點。

上司故意跟你過不去，處處刁難你的原因，實在不勝枚舉，有基於妒忌、自私、偏見等心理因素，你也不必一一細想。這是一件令你苦惱的事，應想法子對付那些根本不講理的上司。想獲得別人的尊重，首先你要自愛和言行一致，處事有原則，人家自然對你不敢小視，就算上司也不例外。

假如你認為理論始終是理論，知易行難，這樣的想法是錯誤的。實行起來，十分簡單，你只要把自己份內的工作完成妥當，切勿斤斤計較。開始著手做事以前，先弄清老闆的要求與期望，作風務實，自然就能減少出錯的機會。此外，老闆在責問你的時候，你不必急於替自己辯護，應堅定地看著對方，以無限的冷靜對待老闆的挑剔，態度不卑不亢，你將會發覺他對你越來越客氣。

適應「強者」上司

如何適應各方面都比較強的上司，這也是作為下屬不能不研究的問題，也是下屬與上司協調好人際關係必不可少的一方面。在「強將」手下為兵，應該想方設法「適應」，而不應該「恃才放曠」，處處與上司作對。

有些人喜歡在「強將」手下工作，為的是「強將手下無弱兵」。有的人則不太願意在「強將」手下做事，因為上司對他從不言聽計從，他自己感到有點「屈才」。這後一種人，也屬於還不適應「強將」，因而他自己也很難得到提高。那麼，應該如何適應各方面都比較強的上司呢？

如果不想讓上司把你踩來踩去，你要學會如何表現，好讓上司更為明確地認識到你的重要。

1.要全面、正確地領會上司的意圖：與比較強的上司相處，下屬必須透徹地瞭解和領會上司的意圖，而且力求瞭解和領會得深一點、遠一點，切勿隨意揣測上司之心。在日常工作中，要與上司坐在一條板凳上，努力貫徹和落實上司的意圖。

2.要講究提意見的方式與方法：一般來講，各方面都比較強的上司，個性和自尊心都比較強。因此，在你提意見和建議時，要注意以下幾點：一是不要信口開河。特別是在提意見時，一定要準確，要有根有據。如果把道聽塗說或者捕風捉影的東西拿來當意見提，容易引起上司反感。因此，提意見之前，要深思熟慮，防止有意無意地損害上司的自尊心。二是不要過多過頻地向上司提建議。提建議本是下屬工作認真負責的表現，絕大多數上司也是樂於接受的。但如果你的上司是個「強將」，則你必須注意提建議的次數和密度。一般情況下，不要三天兩頭給上司提建議，更不要擺出一副比上司還高明的架勢。否則的話，你的建議很難引起上司的認同。三是不要在大庭廣眾之下給上司提意見。給上司提意見、建議，如果不注意場合，往往事與願違。尤其是比較年輕或者任職時間不長的上司，注意提意見的場合就顯得更為重要。因此，給「強將」提意見和建議，一般應在私下進行，以提醒的方式，點到為止。

3.要防止越權行為：有的「強將」善抓大事，對一些雞毛蒜皮的事基本不管，讓下屬充分發揮積極性。但這種「不管」不是沒有數，而是一種管理藝術。在這樣的上司手下工作，一般可以放開手腳，不必事事請示報告，有時即使有點越權行為，也不會妨礙上司對你的看法。有的「強將」既善抓大事，又善抓小事，特別強調下屬多請示多彙報，這種上司時常警惕「大權旁落」，生怕別人有事瞞著他，因而往往事必躬親，顯得很忙碌，也很辛苦。在這樣的上司手下工作，一定要防止越權行為。在一般情況下，不可超越上司意圖的範圍去說話和辦事，不可「先斬後奏」，不可自作主張處理問題和答覆問題，不可標榜和顯示自己。

4.要努力創造工作成績：俗話說，強將手下無弱兵。你要成為「強兵」，使「強將」器重你、信任你，最重要的是創造一流的工作成績，讓上司真正認識你，「承認」你。俗話說：強將手下無弱兵，「強將」往往比較注重下屬的個體素質，要求下屬有能力、有水準，能夠按照他的意圖創造性地開展工作。因此，在這樣的上司手下工作，一定要有很強的成就感，要有「做一件成一件」的強烈願望，千萬不要在如何討好上司、阿諛奉承上動歪點子。有的人說，上司身邊往往有「三才」——人才、庸才、奴才，認為沒有人才出不了成績，沒有庸才沒有人附和，沒有奴才沒有人辦事。這種說法是不正確的。如果一個管理者身邊「三才濟濟」，那麼就不能稱之為「強將」，也就不可能真正做好管理工作。從下屬的角度講，每個人都應該努力成為人才，成為上司的得力助手，不要庸碌無為，成為「可有可無」的人。

勇敢地說「YES」

有一位近年來一直為外籍人士工作的先生，很有感觸地說「外籍上司最不喜歡聽到屬下在接受任務時說：『NO（不）』，而只愛聽他們說『YES（是）』。」

工作中每個人都會碰到上司交代你任務的情況，這時，你會很自然地想到兩個問題，第一，這是一件非常艱鉅的任務，需要花費你很大的精力和時間，我能不能辦？或者應該怎樣去辦？第二，向你分配任務的上司正在等待你表態，等待你給他一個明確的答覆，你是盡自己最大努力去做呢，還是對上司說「不」？

你如果是個經驗豐富的下屬，此時你就應該知道如何才能令上司滿意。對第一個問題來講，你不應考慮過多，不要過多地去想完成這項任務如何困難，更沒有必要現在就擔心我

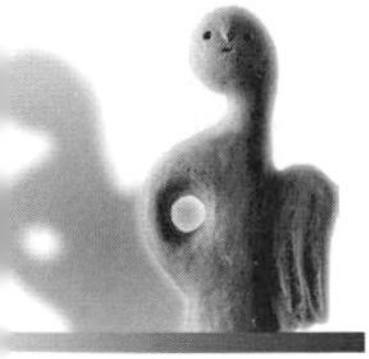

如果不想讓上司把你踩來踩去，你要學會如何表現，好讓上司更為明確地認識到你的重要。

一旦完成不了任務會如何等等。你要牢記事在人為的道理和有志者事竟成的箴言，你還要明白你的不了上司不是初次與你接觸，他對你的能力和水準是瞭解的，對你能否完成任務，也是心裡有數的。因此，你可以直接避開第一個問題，然後儘量用最短的時間來考慮第二個問題，用明朗的態度回答「好的，我一定完成任務！」或「我會盡最大努力去做！」等等。這時，你的上司心裡就會有一種滿意感、解脫感，進而還會因為你能為他分擔重任對你產生謝意和更深的信任。

如果作為下屬不瞭解上司的心意和脾氣，在接受任務時支支吾吾，猶豫不決，或者認為此項工作難度太大而反問上司怎樣處理時，上司便會感到心中不快。與此同時，對你就會產生或多或少的不良印象，比如「缺乏自信心」、「不求上進」、「怕負責任」等等，你在重要工作面前表現得無能為力，能推就推，能躲就躲，天長日久，經常如此，令上司無法信賴你，那麼離上司請你另謀高就的日子就不遠了。

有一位很有魄力、很有能力、也很能善解人意的上司，曾這樣說過：「每一件工作都有難度，特別是重要的工作，難度更高，正因為如此，才需要人們去完成。試想，如果一個人，連接受工作的勇氣都沒有，他又怎能產生解決困難的信心？怎麼能夠圓滿地完成任務呢？而這樣的人又怎麼能夠贏得上司的信任呢？」

讓上司對你放心

在與上司相處的過程中，你要樹立「言必信，行必果」的自身形象，始終做到「言而有信」，使上司對你「放心」、「信得過」，感到你「靠得住」，其中一條重要的秘訣，就是兌現你對上司的每一個承諾。

在我們周圍，常常發生這樣的事：有的人本來很有才華，工作也很賣力，但久而久之，並沒有給上司留下好的印象，上司要嘛置之不用，要嘛讓他「跑龍套」，就是不讓挑大樑。什麼原因呢？其中重要的原因，是這位下屬「言而無信」，辦事不牢靠，往往在上司交辦事情時，左一個「保證」，右一個「一定」，而最後並沒有按上司意圖把事情辦好，所以逐漸地失去了上司的信任。

與上司相處時，最要緊的是你在向上司作出某種承諾前要慎之又慎，起碼應做到以下幾點：

1.不要急於表態：當上司給你交代任務下達指示時，你應該洗耳恭聽，直到聽完，中途不要打斷上司的話，更不要在聽懂一些皮毛的時候就自以為完全明白了上司的意圖，隨便保證或承諾。你一定要耐著性子仔細地琢磨上司的每一句話，並真正弄懂原意，沒有聽懂的地方，在上司講完後，可以提出問題向上司討教，直到弄清上司的意圖。急於表

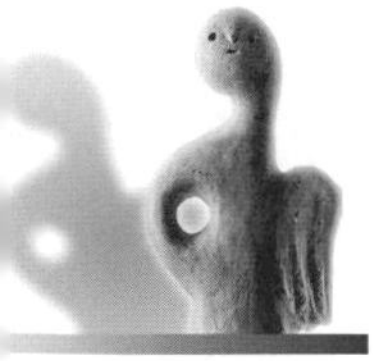

態，尤其是上司沒有把話講完時你就做出某種表示，好像你早已成竹在胸，甚至比上司還要高明，那麼，這樣做的結果，一般都會遭到上司的反感，從而損害你的形象。

2.表態時不要信誓旦旦：辦任何事情，都要「從最壞處著想，往最好處努力」，不可想得太天真，以為什麼事都是可以順利辦成。因此，不論上司交給你的事情是大事還是小事，是難事還是易事，是急辦的事還是可以從容辦理的事，你都要全力去辦。尤其是交代一些你看來是小事、易事、可以從容辦理的事的時候，你不要不屑一顧，甚至在表態時大言不慚地亂吹一氣。這樣，容易給上司一種浮躁、不踏實的感覺。事後你把上司交辦的事情辦得很出色那自然好說，一旦辦得不如你說的那麼漂亮，那你會給上司留下「語言的巨人，行動的矮子」的印象。

3.表示承諾時要留有餘地：有把握也好，沒有把握也好，都不要把話說得很滿，說過了頭。尤其是預感到完成上司交辦的事情有困難時，更不能違心說空話，盲目地表示「沒問題」。一般可表示「我努力去辦」，「我爭取提前完成」，「有問題我及時向您報告」等等。對難度越大的事，你在表態時越是要留有餘地。這樣，事情順利辦成了，上司會明白你作了很大努力；事情辦得不圓滿，也是上司預料之中的事情。

4.做出某種承諾後要使上司對你充滿信心：前面所講到的，做出承諾時要慎重，要留有

如果不想讓上司把你踩來踩去，你要學會如何表現，好讓上司更為明確地認識到你的重要。

餘地，但這絕不是說，無把握時吞吞吐吐，有把握時也唉聲歎氣。如果這樣，那你永遠樹立不起得力助手和參謀的形象。不論向上司作什麼承諾，都應使上司覺得你想得很周到，你完全有能力去辦理這件事，尤其是在你提問題擺困難時，要使上司覺得你的態度是嚴肅的，積極的，不是那種唯命是從，看上司眼色行事的人，進而贏得上司對你的信任。

在對上司做出某種承諾以後，接下來的任務就是努力兌現你的承諾，用實踐最終證明你是可以信賴的。

首先，要全力以赴，不怕吃苦受累。俗話說，一滴汗水就有一分收穫。要獲得上司對你的信任，唯一的也是最可靠的辦法就是：創造工作成績。因此，當被上司委以重任以後，你必須專心致志地去工作。兌現你的承諾時，要捨得吃苦，捨得付出必要的犧牲。最要不得的是這樣一種人，表態時侃侃而談，接受任務後又吃不得苦、受不得累，最後將難題轉交他人。

其次，不能兌現承諾時要及時向上司說明。事情是千變萬化的。表態時覺得很有把握，做起來又碰到新的困難，這應該說也是正常的。因此，你不必礙於臉面，不好意思向上司反映困難和問題，也不要不顧主客觀條件，一個人一意孤行，你應該及時、照實地向上司說明情況，提出你的意見和建議，使上司覺得你是講究現實的，不是不努力或推卸責任。同樣，也要相信上司在弄清新的情況以後，會做出正確的判斷和新的決策。

最後，在兌現了承諾後不要自以為是。成功固然值得高興。兌現了承諾，無疑使上司增加了一份對你的信任，但成績只能說明過去，特別是一時一事的成功，不足以說明你精明強幹，完全勝任本職工作。因此，你必須保持清醒的頭腦，以謙遜的態度對待上司的褒獎和眾人的稱讚，切忌不可口出狂言，趾高氣昂。尤其應該做到的是，要努力將成就歸功於上司與同事，不僅心裡應這樣想，而且嘴上要這樣說。這樣做，不但不會抹殺你的成績，反而會提高你的威信，有助於你更好地協調與上司的關係。

不要忽略上司的長處

或許你覺得你的上司領導無方，事無大小都要依賴其他同事替他完成，他好像什麼事情

如果不想讓上司把你踩來踩去，你要學會如何表現，好讓上司更為明確地認識到你的重要。

也不會做，無奈他卻是你的上司，令你十分生氣。你認為自己的工作能力遠勝過他，以致潛意識裡開始仇視他，對他的命令陽奉陰違，自己的精神也深受困擾，影響工作。

如果你遇到以上的問題，又無力自我釋放，無法快快樂樂投入到工作之中，你要知道一個事實：凡事都有好壞兩方面，你是否忽略了上司的長處？以下是一些忠告：

1.捫心自問：是不是有一些自己不懂得如何處理的事，必須要依靠上司處理？

2.上司在日常工作的細節上，可能表現出很可笑的樣子。但他的心思意念會不會放在其他重要的事情上，如對外開拓新市場……等等。

3.客觀地想想他曾經達到的輝煌成就，或許你會發覺他並不是你想像中的那麼無能。學習欣賞對方的長處，是達成合作的第一步。

4.「家家有本難唸的經」，你的上司是否也有難言之隱？他可能也要取悅自己的上司，很多事情都是身不由己的。

5.假如上司真的是敷衍塞責，不要因此而惱怒，只是一味抱怨。相反，這可能是一個自我表現的好機會。上司惡劣的工作態度，正好突出你的長處，或許因此而得到上司的賞識，平步青雲。

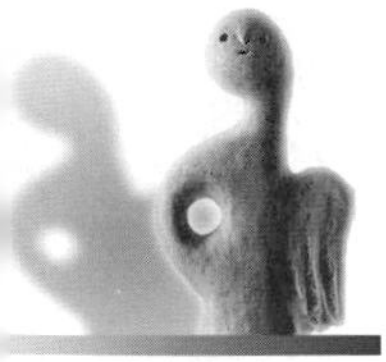

如果不想讓上司把你踩來踩去，你要學會如何表現，好讓上司更為明確地認識到你的重要。

功勞可以讓

在初入社會的青年看來，與上司多接觸會增進友誼，容易升遷，其實不然。與上司接觸過繁好處並不多，尤其要避免和上司一起出差。例如，你用餐姿態不夠優雅或接聽電話不禮貌這些原來在機關裡沒有被上司發現的缺點，透過形影不離的單獨接觸，都被上司看出來了。等到出差結束，他對你的態度可能會有一百八十度度的大轉變。

經常聽到一些上司評論部屬：「我原以為ＸＸ不錯的，一起出差後才知道他的為人。」這往往都是和上司單獨接觸過多的結果。

與上司一起出差，你盡心盡力，可是，上司一旦發現了你的缺點，不管你多麼殷勤，他還是會記住那些缺點的。加上旅途勞累，工作上遇到困難，內心的不滿一再積累，就可能對你產生很大的反感，其後果可能就不堪設想。

好的東西，每一個人都喜歡。愈是好吃的東西，愈捨不得讓給別人，乃人之常情。沒有人喜歡吃人家剩下來的東西，也沒有人喜歡吃不好吃的東西。對於工作上的利益而言，也是這樣。假如某種工作順利完成，你要把功勞讓給上司，如果你明智的話。也許你會說：「我自己立下的汗馬功勞，何必讓給上司呢？」我知道大家都不願意把功勞讓給別人。但是，功勞讓給上司，才是真正重要的事。

如果你真的有能力去完成一件事，那麼，你立功的機會還很多。如果你能克制自己不肯讓功的情緒，而將功勞讓給上司，對你無害而有利。你只要在下次的機會，再次立功即可。

在這多數人都不肯將功勞讓給別人的社會裡，如果有人肯大方俐落地把功勞讓給別人，而受到禮讓的人一定會吃驚，他們會覺得：「真的嗎？」上司一定會感激你，對你產生好感。

受到你禮讓的上司，心中會產生「我欠了此人一份人情債」的感覺，所以他一定無法釋懷，而常常這樣想：「此人很體諒我，所以才會把功勞讓給我，他真了不起！」上司總有一天會設法還你這筆人情債，同時也會給你再次建功的機會。這對你來說，絕對是好事。

但是，有一件事你必須注意，那就是你把功勞讓給上司的事，絕不可以對外宣傳，否則你的善意將化為零。

突破與上司的陌生感

陌生感，是一種人際交往中的心理障礙。無論是誰，只要他有過與人往來的交際活動，都會體會到陌生感對人際關係的消極作用。俗話說熟人好辦事，這儘管不是至理名言，但也不能否認它在現實生活中有著廣泛的市場。所以，在人際交往中熟人常常是一種社交優勢。

面對陌生的人，大多數人都有一種本能的隔膜感覺和提防警戒。因此，善於突破陌生感，是你拓展人際關係，增大生存與發展空間的重要手段。突破與上司交談時的陌生感，應從以下幾方面做起：

1.**事先對自己的上司有所瞭解**：下屬在與上司交談或交往之前，如能事先對上司的生活習慣、性格特點、工作作風有一定的瞭解，則會有利於減弱與上司交談時的陌生感。其中的道理非常簡單，因為事先的瞭解使你對他有了「似曾相識」的感覺。同時，也便於你掌握與上司交談時的分寸。

2.**選擇令人親近的話題**：談話，不管是什麼場合，人們總是會圍繞相應的話題交談。但是，善於選擇話題，卻是一種藝術。一些善於交際的成功者的經驗證明，在社交場合，

如果不想讓上司把你踩來踩去，你要學會如何表現，好讓上司更為明確地認識到你的重要。

在關鍵時刻，在實現重要目標的過程中，選擇令人親近的話題交談，是一種永遠不會錯的談話藝術。所謂令人親近的話題，原則上講，是指能夠儘快拉近雙方感情距離的一切可談的內容。這些令人親近的話題，必須體現對上司的關懷和關心，否則，就不能達到令人親近的目的。

生活中，人們常用的令人親近的話題主要包括三個方面：一是關心對方的身體健康，無論是誰都想有一個健康的身體，因此，關心對方的身體健康是一種永遠正確的談話話題。二是關心對方直系親屬的健康，如對方父母、子女等。三是關注對方工作的順利和事業上的成就，現代社會，在職人員無不希望工作順利和事業有成。所以，類似的話題自然能夠引起上司的親近感。值得注意的是，凡事都必須掌握一定的分寸。選擇令人親近的話題交談，不要重複，不可過多，否則會給人留下虛偽和做作的印象，這樣可能會得不償失。

3.選擇輕鬆愉快的話題：與陌生人交談，選擇輕鬆愉快的話題交談，比較容易突破對方的陌生感，較快地加深雙方的熟悉程度。我們可以選擇的話題的取材範圍是十分廣泛的。工作上的、生活中的、個人愛好上的以及天文地理等多方面的知識、事例，都可以加以運用。但是，在選擇談話內容時你必須掌握一個原則：自己說出口的話，應能使上司感到輕鬆愉快，從而拉近雙方在感情上的距離，創造出和諧的氣氛。

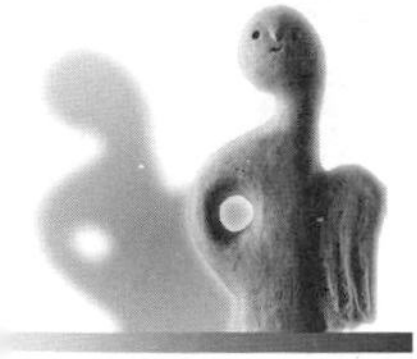

4.避開上司的生活禁忌：在與上司相處，或與其他人交往時，必須注意事先對對方的生活禁忌有所瞭解，以免犯忌引起不愉快。可是在不少場合，我們往往很難全面掌握一個人的生活禁忌。特別當我們突然面對一個陌生者的時候更是如此。所以在同上司交談時應注意：一是事先應儘量瞭解對方的生活禁忌，二是假如對上司生活禁忌把握不住，儘量以徵求意見的方式和口氣說話。這樣就可以避免在突破對方的陌生感時出現不必要的尷尬。

5.選擇上司熟悉的話題：突破陌生感的根本目的，在於儘快拉近雙方的心理和感情距離，簡單說，就是讓上司儘快熟悉你，使雙方進入「熟人」狀態。選擇上司熟悉的話題，深入交談，往往能夠達到事半功倍的效果。上司熟悉的話題，可以是工作上的，生活上的，也可以是學習上的或事業上的。可以是人生觀方面的，也可以是新聞或軼事。總之，要根據上司的文化層次和性格愛好來確定。如果用上司不熟悉、不瞭解的話題交談，容易使雙方產生心理的障礙和感情隔閡。「酒逢知己千杯少，話不投機半句多」，就是這個道理。如話題選擇不當，自然會出現話不投機的尷尬局面。

「成也蕭何，敗也蕭何」。上司是下屬事業發展的關鍵人物。面對上司，你一定要善於突破陌生感，只有這樣才能讓上司儘快瞭解你。

第六章・別惹怒上司

上司往往是把你犯的過錯看得最清楚的人，尤其是他的手裡還握著你的飯碗，所以，如何讓上司願意一直相信你，是一個很重要的問題。

把你犯的過錯看得最清楚的人，如何願意一直相信你，是一個很重要的問題。

不要越權

公司是一個整體，組織內部的每個人各司其職，分工合作，因此對旁人的工作內容不見得有深刻的瞭解。

假如，接到一個來自客戶的電話，而負責那位大客戶的同事正好休假。聽對方的語氣似乎急著訂購一批貨品，於是自作主張地代為接下訂單，還以為是替那位同事立了一大功。不料等同事回來後，才知道該客戶由於前帳未清，早已被公司列為限制往來對象。這真是「背著兒媳爬山——吃力不討好」。

總之，除非是真正有一定程度的瞭解，否則在任何情況下，都不可以對超越自己責任範圍以外的事情妄加判斷。

對上司要讓著點

不僅上級管理者應有氣量，而且下屬也應講究自身的氣度。一個好的下屬應該做到虛懷若谷，謙虛謹慎，誠懇待人，嚴於律己，虛心好學等。這些都是有氣量的表現。這對協調好上下級關係是很重要的。在與上司相處的過程中，下屬應該講究氣量的地方是很多的。

1.受到上司表揚時：要時時告誡自己：做好工作是自己分內的事，取得成績是上司管理有方和同事們共同努力的結果，萬萬不能因為受到上司表揚而目中無人，到處吹噓自己，貶低上司和他人。還有一種情況：你工作做得確實好，但上司只在個別與你交談時略加肯定；而有的同事工作只是做得比以前有進步，上司卻可能在大庭廣眾下表揚。這時候，你千萬不要攀比，不要以為上司抹殺了你的成績。因為，表揚誰或不表揚誰，在什麼場合表揚怎樣表揚，這是上司的管理藝術。要明白，上司對你越是信任，就越是不在意表揚你，你應把這看成是一種榮耀，而不應感到委屈。要心胸開闊，耐得住寂寞，甘願當一個無名英雄。

2.受到上司誤解和不公正批評時：客觀事物是複雜的，人們主觀認識在反映客觀事物時往往帶有侷限性。因此，下屬有時受到誤解和不公正批評，首先是要做到顧全大局，不計較個人的名利得失，要認真地把上司的話聽完，並做到不當面解釋和頂撞。其次是要有

良好的心理素質，要沉得住氣，不鑽牛角尖，從積極的方面去理解上司一時的誤解和批評，做到不耿耿於懷，不妨礙工作。次是要善於給上司下臺階。最好的辦法，是你及時向上司彙報一些情況，使上司明白是誤解了你，對你批評錯了，從而消除誤解，增進相互瞭解和友誼。而當上司認識到自己誤解了你和批評錯了，也會主動向你表示歉意。這種表示不一定就是內疚的反省和自我批評，很可能是一種「暗示」，是幾句「我當時考慮不周」，「我這人有時性子急」之類的話。這時，你千萬不要覺得上司不誠懇，因為上司的這種「表示」含有許多暗示，沒有明說的話都在其中了。你善解上司的心意，會使上司覺得你成熟，可以信賴。在這方面，要防止發生這種情況：上司一表示歉意，你便一把鼻涕，一把眼淚，想把一肚子的委屈全倒出來。這樣做，會使上司反感，覺得你太脆弱，經不起風浪，辦不了大事。

3.上司某一方面不如自己時：某人之所以成為管理者，並不因為他是全才、天才，樣樣在行，而是在於他的綜合素質具備了擔任某一職務的要求。當你的上司某一方面不如你時，你切不可因此不尊重上司，得意忘形。如有的下屬替上司寫了一篇講稿，而這篇演講又確實贏得了好評，便到處宣傳自己的功勞，好像上司只是他的「代言人」。這是十分要不得的。要注意維護上司的形象，心甘情願地把成績歸功於上司。比如你為上司起草了一篇好的講稿，而上司事先又與你研究過，當別人向你打聽作者時，你完全可以說：「演講稿的思想和觀點都是上司出的，我只是稍加整理而已。」這樣做，既提高了上司的威信，又表現了你的謙遜，何樂而不為呢？

4.**當上司不接受你的好建議時：**向上司提建議是你的份內事，至於採納與否，這是上司的事。因為每個人都是根據自己所擔負的責任和所處的地位來分析和判斷事物的。因此，當上司不接受你的好建議時，首先要冷靜分析，上司為何如此，是否有未向上司說清楚的地方，然後視情況再次向上司提出你的建議，切不可操之過急，牢騷滿腹，甚至消極起來。其次，不要強加於人，尤其是資歷較深，工作比較得心應手的下屬，在自己的建議不被上司採納時，不要過份堅持自己的意見，更不要與上司爭辯，搞得上司很為難，甚至下不了臺。

5.**遇到不公平的待遇時：**作為下屬，既要有知人之明，更要有自知之明。要多想想自己的職責，多問問自己究竟做了多少工作。生活是充滿矛盾的，不公平的事會常常發生。面對一些突如其來的意外，你應該想開些，看遠些，豁達大度，切不可怒髮衝冠，大吵大鬧，甚至去找上司和同事們的麻煩。

6.**當有人嫉妒你、挑撥你與上司的關係時：**作為下屬來講，平常要注意搞好上下左右的

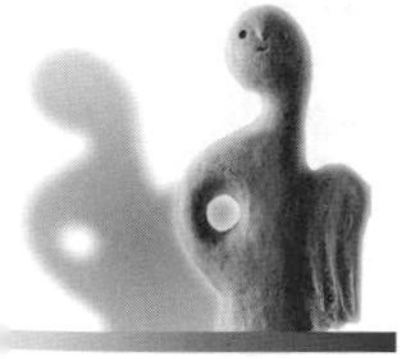

關係，特別是工作中取得成績，贏得上司的信任，更要注意團結、同事，有時不妨來點「大智若愚」，「大巧若拙」，也就是不少人推崇的鄭板橋的那句話：「難得糊塗」。要做到與人為善，得理讓人，不要爭強好勝，事事處處都要「佔上風」。同時，要相信上司不會不分青紅皂白地受人挑撥。即使上司一時受人挑撥做錯了事，也要相信事實終究是事實，隨著時間的推移，總會真相大白的。

化解和領導的矛盾

與上司發生衝突對你來講不是好事，應當對此有正確的分析。首先應當區別衝突是實質性的還是非實質性的。如果是實質性的、原則性的，就不應再作協調的努力，因協調不成反而將衝突公開化、全面化，應尋求外部力量或其他方式解決。如果是非實質性、非原則性的衝突，應努力尋求內部協調。其次要區別非實質性衝突的類別，發生的原因及作用範圍，做到心中有數。接著是對協調的方法進行模擬或評估篩選，儘量做到有目的、有計劃、有步驟，為協調做好一切認識上和思想方法上的準備。

對你來講協調與上司的衝突，主要限於非實質性、非原則性的，可以通過內部調整，可以弱化矛盾。你在具體操作中應做好下面的工作：

1.純化自身顧大局：這種方法主要適用於下屬與上司的有限的利益衝突，如你所在集體與上司整個組織的利益發生非對抗性的衝突。這種衝突是在根本利益一致的前提下，或者由於實現條件和實現時間的制約，兩個利益組織的利益不能同時實現而造成的，或者由於雙方在主觀上犯了錯誤，打破了彼此之間利益分配的合理狀態而造成。如果不採用適當的方式協調、緩和、消除這種衝突，時間長了會轉化為局部的對抗性衝突，造成管理機構重新調整和利益團體的重新分配，受損失的是團體或公司。所以，遇到這種情況，首先要純化自身，拋棄私心雜念，從大局和整體利益出發，做好公司、部門人員的教育訓練，協助上司渡過難關，在對待個人得失的問題上應儘量體會到上司的難處。

但是，顧全大局並不是奉行交換關係。在現實生活中有的人通過自己的所作所為，從上司那裡交換來某種物質的或精神的需求，為自己升遷和謀私利鋪平道路。顧全大局也不是維護宗法等級，有的人明知道事情本來嚴重危害部門利益，只是上司一說話，就輕易允諾，毫

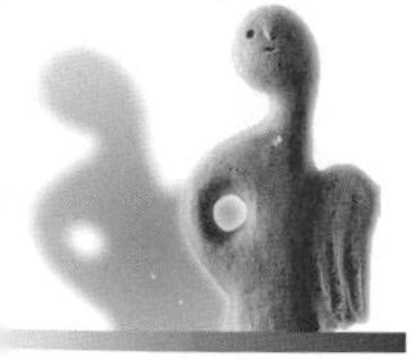

無原則。甚至明知上司錯誤嚴重，還為其掩護，說謊話，幫其蒙混過關，這都是違反原則的錯誤之舉。

2.細察深思識大體：這是處理與上司衝突的一種基本方法。下屬與上司由於職位差異，因而在工作的認識和把握上往往不一致。其實，對事物的認識和理解，並不因為職位高低而分出優劣。有時恰恰相反，下屬因為與具體事件接觸多，反而瞭解得更細緻，認識得更清楚；上司由於很難事事親問親知，更多的是停留於一般的瞭解。所以，上司並不一定就是真理，他們也有錯誤和缺點。有的人與上司發生衝突時喜歡揭短，企圖以上司的錯誤來抵制和反對上司對自己的批評，這樣易形成更大的情緒對立，尤其是犯過錯誤、受過處分的上司，會對你產生更深的成見。

有時，自己的正確意見和建議不能馬上被上司理解和採納，自己又說服不了上司，就要學會耐心等待，給上司更多的自省機會和時間來進行思考和調整決策，否則，就會增加誤解和矛盾。為了更好地認識衝突，把握形勢，還需要全面地看待上司，不能用「完人」的想像去要求上司，甚至用這種想法影響自己的行動，這樣會導致自己與上司的關係陷入危機。

3.相容自律求大同：這是協調與上司衝突的基本策略。上司無論從素質和管理方法來看，都有高低好壞的差別，如果用理想化的模式去「套」上司，那就會沒有一個合格者，這

把你犯的過錯看得最清楚的人，如何願意一直相信你，是一個很重要的問題。

實際上等於宣佈自己蔑視和瞧不起上司。過分苛求只能給自己與上司的關係製造障礙，使自己陷入精神苦悶的情緒中難於自拔。孟母三遷終於找到了好鄰居，而有些人無論怎樣遷也遇不著「好」上司，究其原因，就在於此。

當然，容人要在嚴格要求自己的基礎上，這樣才能緩解協調與上司的衝突。你要記住：十指不齊，各得其用；五音不齊，方有和聲。

誰都不希望等衝突發生之後再做協調，最好還是積極地防患於未然，其基本方法是消除可能引發衝突的各種隱患，如：資訊溝通不夠、關係親疏不平衡、提要求方式欠妥當等等。你要採取以下幾種防範措施：

1.經常溝通有效資訊：對上司的資訊溝通主要表現為下屬的付出、回饋和上司的接受這種以單向為主的形式。作為下屬，在與上司進行資訊溝通時，不要計較上司流向自己訊息量的多寡，而應自覺地積極主動地回饋各種資訊。回饋的內容不一定侷限於工作方面，其他方面也可以。這樣的資訊既有助於上司瞭解基層組織的各方面情況，也有助於上司代表上級瞭解和考察基層管理者個人。資訊回饋的形式可以是口頭的，也可以是書面的，還可以採用暗示的形式，但要力求及時、準確、全面。提醒注意的是，要講究資訊回饋的場合，不能在哪都說，有用沒用都說，更不該亂打「小報告」造謠中傷。所以

把你犯的過錯看得最清楚的人，如何願意一直相信你，是一個很重要的問題。

說，對上司的有效資訊溝通是有方法和技巧的。溝通得好，上司能較好地瞭解自己的工作成績和品性的優長，減少衝突；溝通不好，還不如不溝通。因此，溝通要講品質，不能單純追求數量。

2.嚴格控制關係程度：掌握和控制同上司的關係時，一方面要注意遠近親疏要適度。適度是講既不要「不及」，也不要「過分」，要保持在一種有利於工作、事業和個人發展的適當限度內。無論交往的哪一方都有要做到頻率適當、角色適宜，既達到目的，又沒有副作用，可以防止關係的大起大落。另一方面要把關係搞平衡，不失衡。作為下屬應從工作出發對上級一視同仁，疏密有度，建立和發展「等距」關係，而不應從個人的私利出發，對某些上級親密過度，對另一些上級疏遠有餘，從而使自己與上級的關係處於遠近不一的「非等距」狀態。把關係搞平衡是有利於同上級建立良好全面的關係，這種關係既有利於工作，也有利於個人進步。

3.統籌兼顧、謹言慎求：就是說向主管提出建議和要求要謹慎小心，做到統籌兼顧，萬無一失。良言無須逆耳。向上司的諫言忠告，是在發現上司決策偏差而且自己又未察覺的情況下，從工作出發而提出的建議、意見等。這種諫言應通過規勸、告誡來實現，不能強迫上司執行或限期改正，這是一種藝術性較高的行為。所以作為下屬，向上司進言時應注意：多獻可、少加否。多「桌下」，少「桌面」，先肯定，後否定。不要急於求成，要有耐心，允許上司有一個認識的過程。在這種方法中，下屬要把握住，不要自作聰明，言語無邊，四處炫耀。否則，不但不能證明自己聰明，反而會「引火上身」，加劇上下級的衝突。

要求不宜明說，在與上司工作交往中，會向上司提出工作上乃至個人生活方面的某些要求，但在提到具體的問題時，應講究原則，注意策略，掌握分寸，有效的做法是。

(1)**正確認識和把握上司**：如上司的工作方式、思維習慣、心理狀態、個性品質等，這是一個先決條件。

(2)**把握所提要求的性質、數量**：要求的內容應是積極的、建設性的，不應該是消極的、破壞性的，應考慮到上司與你的密切程度和承受能力。每次要求不易提得過多，這樣不易得到滿足，太少又不能根本解決問題，所以一定要細心斟酌。

(3)**當下選擇時機**：下屬向上司提要求時，應選擇其心境好、情緒高的時候，不要選擇其工作繁忙或遇到麻煩的時候。

(4)**運用技巧性語言**：提要求時語言要適度，既充分又不宜太多。語言要明確，不要模棱兩可。語言要平靜、謙和，不要說鬧情緒的氣話或出言不遜。

(5)迂迴轉進：必要時應借助適當的第三者作代言人，替自己向上司說明情況，幫助你與上司溝通。

(6)要有耐心和信心：不要急於求成，要學會等待，既要懂得如何提出和堅持自己的要求，又要學會如何撤回和放棄自己的要求，適可而止。這方面，某些管理者往往把握不住自己，操之過急，結果造成分歧擴大，矛盾升級。

雖然對於以上幾方面很難做到面面俱到，但瞭解和掌握這些內容，可以幫助你更好地防範和避免與上級衝突的發生。

和上司個性不合怎麼辦？

如果很不幸，你和某上司一點兒也不投緣，價值觀也截然不同，怎麼也產生不出好感，因此和該上司總存在一定的距離，並讓你感覺不安。在這種情況下你該怎麼辦呢？

把你犯的過錯看得最清楚的人，如何願意一直相信你，是一個很重要的問題。

這也許是你對上司抱有成見的緣故。公司內的人際關係是建立在能勤勤懇懇完成工作的前提下的。用馬虎應付的態度工作即使很會做事，也絕不會得到上司的信任。因此，與其因這樣的事而煩惱，不如轉移注意力將工作做好，出一身汗，睡一個好覺。

在此基礎上，自己要有勇氣主動接近上司，主動為彼此的接近創造機會，這樣才能增進彼此的瞭解。只要不對上司抱有成見，不再無緣無故地討厭上司就可以了，你也就會從以前的陰影中擺脫出來。

如果思想狹隘，固執己見地認為「我為什麼要主動和上司拉關係呢！」那你就永遠也不會從成見的陰影中解脫出來。這樣只會對你自己的工作乃至生活造成不好的影響。

你的上司太挑剔怎麼辦？

追求完美是人的天性，如果你的上司是一個完美主義者，要求你事事做到一百分，符合他的辦事標準，根本不理會實際的情況和箇中苦況。這種上司，你跟他合作，無疑是困難重

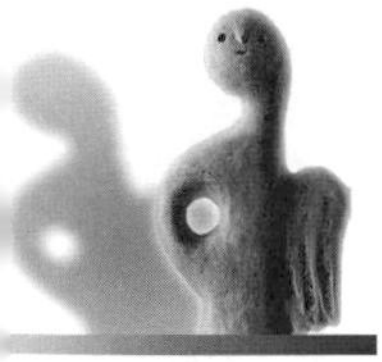

把你犯的過錯看得最清楚的人，如何願意一直相信你，是一個很重要的問題。

重，會遇到不少煩惱。你要與這樣一位上司相處，須參考以下的一些意見：

1.當上司交給你一項任務之時，你應該問清楚他的要求、工作性質、最後完成的期限等等，避免彼此發生誤解，應儘量符合他的要求。

2.假如上司處處刁難你，可能是擔心你將來會取代他的位置，你應該盡自己最大的努力使他安心，讓他明白你是一個忠心的下屬，你可以主動提出定時向他報告的建議，讓上司完全瞭解你的工作情況。一旦獲得他的信任後，他便不會對你過分要求完美的工作效果。

3.如果上司是一個很重小節的人，你要儘量避免犯任何錯誤。只須讓他在一段短時期內，對你產生信心，就算你日後犯了無心之失，他也不會過份責備你。

4.只要你願意費點心思，必定能獲得上司的好感。假若他不喜歡你處事的方式，你何必一意孤行，應當試以不同的方法，盡最大的努力與上司相處，你將發現他並不是你想像中的不可理喻。

5.不要只看到上司的缺點，應努力發掘他的長處，在適當的時機好好稱讚他。

別惹怒上司

上司，我對這個詞向來充滿著敬畏之心，原因很簡單，因為上司是握著我飯碗的人，有這樣一則有趣的寓言故事就生動地說明了這一點。

獅王想了個藉口，欲吃掉他的三個大臣。於是，牠張開大口，叫熊來聞聞牠嘴巴是什麼氣味。熊據實回答：「大王，您嘴巴的氣味很難聞，又腥又臭的。」

獅子大怒，說熊侮辱了作為百獸之王的牠，罪該萬死！於是便猛撲過去，把熊吃掉了。

接著，牠又叫猴子來聞，猴子看到了熊的下場，便極力討好獅子，牠說：「啊！大王，您嘴巴裡的氣味既像甘醇的酒香，又似上等的香水一樣好聞。」獅王又是大怒，牠說猴子太不老實，是個馬屁精，一定是國家的禍害。於是又撲過去，把猴子給吃了。

最後，獅子問兔子聞到了什麼味。兔子答道：「大王，非常抱歉！我最近傷風，鼻子塞住了。現在什麼味道也聞不到。大王您如果能讓我回家休息幾天，等我傷風好了，一定會為您效勞。」獅子找不到藉口，只好放兔子回家，兔子趁機逃之夭夭，保住了小命。

上司地位較高，又有一定特權，習慣於高高在上的地位，往往以自我為中心。有時候會反覆無常，即使下屬完全按其想法辦事，有時也會招致他的不滿。因為他顧慮的東西下屬有時是難以想到的。

所以當上司想要整你的時候，千萬不能像狗熊那樣惹怒上司，也別像猴子那樣授人口舌，要像兔子那樣想一個萬全之策。不過，最好還是別惹怒上司。

上司對你吹毛求疵怎麼辦？

自己工作很認真賣力，也沒有做什麼錯事，可是上司總是雞蛋裡挑骨頭地故意挑毛病。如果再這樣下去的話，恐怕非患上班恐懼症不可。對這種情況該怎麼辦才好呢？

首先，想想為什麼會這樣呢？這也許是因為你是那種容易欺負的人，所以才成為上司有什麼不順心的事或精神壓抑時發洩鬱悶的對象。如果只是這樣的話，可以說你是一個脾氣好而且忠厚老實的人，所以對上司的吹毛求疵不用太放在心上。或者也許是因為哪個上司也和你一樣受到他的上司的「欺負」，回頭又把自己心中的怨氣發洩到了你的身上。這種類型的上司，簡直就是神經質。如果你強烈地反駁他，他反而會沒話可說。所以對這種類型的上司，你不用忍氣吞聲。

對上司經常性的吹毛求疵，總是自己在心裡生悶氣，這樣對自己的身體健康非常不好。所以有必要偶爾改變一下自己平時的態度，氣憤地對上司說：「我為公司拼命地工作！可你還總是不滿意，總是對我挑三揀四，我真受不了！」然後第二天再向上司抱個歉：「昨天情緒不太好，失禮了，實在對不起，請原諒！」相信在你發脾氣後，上司儘管當時可能會對你的態度感到很生氣，但事後也會反省一下自己的行為，這樣，再次見到你時也會順水推舟，接受你的道歉，甚至對你的態度會有很大的好轉也不一定。當然，如果你工作態度不認真、做起工作來馬馬虎虎的話，那就另當別論了。

另外，也有可能是上司「望子成龍」才對你過於嚴格、苛刻。如果是這樣的話，就需要自己尋找機會，好好地和上司談一下心，交流一下意見，但切記不能頂撞上司，那樣你會得不償失。

上司罵你怎麼辦？

說得坦白一點，上司與部屬之間存在著某種互相利用的關係。只要你在公司做一天事，

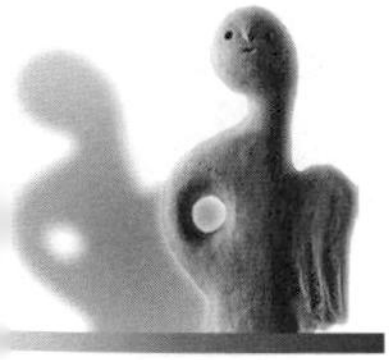

就應該盡力的博取上司的好感。你要投其所好，就必須知道你的上司「好」之所在。這需要你經常地收集上司尤其是直屬上司的情報。

平時收集有關上司的資料，可以幫助你達到這些目的。例如和同事聊天之際，不妨假裝漫不經心似地將話題轉到上司身上。有關他過去的工作情形、家庭狀況、興趣、甚至公司裡面的派系內幕等，均有收集價值。

第一次挨上司的責罵必然是驚窘交加的，有些職員會因此產生「這下完了」或「乾脆辭職算了」的洩氣情緒。其實，你大可不必如此，只要掌握挨罵的藝術，挨罵便可成為與上司溝通感情，取得信任的管道。

反省挨罵的原因，決心不再重犯。上司責罵的內容之中多半是透露你不對之處和應該怎樣做才是對的，只要你洗耳恭聽，就可以獲得有用的資訊。

挨罵時要保持順從的態度。雖然不必做到應聲蟲的地步，但最起碼，臉上應該出現慚愧的表情，並以坦率誠懇的語氣向上司道歉。挨罵之後不可垂頭喪氣，亦不可嘻嘻哈哈，讓人們有隨罵隨忘的印象。最重要的是不對之處應當儘快改正。

切忌無理的反抗，那樣做只會對自己造成更大的損害。即使上司罵錯了，你也不能爭辯，他一旦認識到責罵錯了，回過頭來會對你更加信任，更有好感。

上司是個管家婆怎麼辦？

有些上司喜歡以「管家婆」的姿態出現，事無大小，他都要過問，還插手去干涉，令負責推行工作計畫的職員感到很苦惱。這種上司到了過分專制的地步，他表面上似乎相當開明，也似乎有一種「人盡其才，各司其職」的精神，實際上他是一切工作幕後的策劃者，對他來說，他的意見就是命令，下屬只是他獲取某個結果的工具。如果你的上司是這類人物，你必然時常感到精神緊張，很難從工作中獲得成就感。你想與這樣一位上司好好相處，首先要仔細想想，你不妨嘗試說服他以你自己的方法處理，結果也會像他所預期中的美好。如果他一意孤行，你只有兩個選擇：對上司唯命是從，或是向他遞上辭職信，另謀發展。

不過，在你採取最後的行動之前，應努力爭取自己的權益，鼓起勇氣對上司說出自己心中的話，嘗試以朋友相待，看看他究竟有什麼反應。須知你上司也是一個普通人，有時他很需要人家肯定其價值與成就。如果他對事事都表現出不放心的態度，你要想辦法令他感到安心，最好的策略莫如主動向他報告你的工作進展情況，讓他對一切瞭若指掌，心情自然會輕鬆舒暢，對你也不再虎視眈眈，大家合作會日趨成熟愉快。

上司挖苦你怎麼辦？

因有急事請了一天假，第二天剛到公司不久，上司就走過來諷刺：「這麼忙的時候休假，過得一定很舒服吧！」此時，你一定感到很氣憤，因為有薪休假是法律賦予每個勞動者的權利。所以在遭到上司的挖苦後你一定想反駁上司：「我是有急事才請假的，你沒有理由挖苦我！」有這樣的反應是很正常的，你的心情也完全可以理解。但是你不覺得缺點兒什麼嗎？你應該想到這樣的問題：上司為什麼要挖苦我？

上司之所以會挖苦你，那是因為你沒有進行事後完善工作，即沒有找上司再說明一下。在休假第二天到公司上班時，你要立即到上司的辦公室向上司報告說：「在公司這麼忙的時候，我昨天還休假一天，真是對不起！昨天剩下的工作今天我一定儘量補回來。」只要能這樣簡單地說幾句，上司就不會不滿地對你說這些挖苦的話了。

一個人的心情，因為幾句話就會發生很大的轉變。在日常工作中，如果能洞察到人們心裡的這些微妙之處而進行工作和為人處事，就一定會擁有一個融洽、和諧的人際關係。

要知道老闆的無情

商場是無情的。在老闆的眼裡，沒有永遠的功臣部下。為了現實利益，一切都得為之讓路。不明白這一點、就不能適應新形勢、新變化，走霉運是必然的。

這是商場中最微妙之處，極需小心體會，準確把握。以下的故事，對此有詳盡的剖析。自從俊毅成為董事長的特別助理，各單位的主管都緊張了起來。因為隨時一通電話廣就可能忙得雞飛狗跳，稍稍反應慢一點，俊毅自己便衝了下來。

但畢竟是留美的企管博士，雖然年紀不過三十出頭，辦事效率可了不得，進公司沒多久，把每個部門全搞清楚了。當然搞清楚也就有了麻煩，不見那張經理、王副經理，分別捲了鋪蓋嗎？前一天俊毅才在他們的部門轉一圈，翻了翻本子，第二天居然就發現了遣散通知。

從俊毅進來，原來已夠精明的董事長更是如虎添翼，事事能洞燭先機了。當然董事長也真了不起，雖然受的教育不多，但是知人善任，所以公司能由當年一個廠長，加上管會計的楊小姐，和幾個工人，發展到今天上百人的大規模。人人都說廠長沒有楊小姐，不可能財務抓得這麼穩，但若不是楊小姐把命賣給了公司，也不可能拖到今天仍然未婚。

俊毅跟董事長非親非故，還不是一次面談，就得到那麼大的權力！董事長的道理很簡

單：「時代不同了！需要用現代方法與觀念來管理，才能經得起考驗，聘個外來的年輕人，沒有舊的瓜葛，做事放得開手；也顯得客觀。」幾乎每次主管會議，董事長都要當著大家誇俊毅，說要由俊毅幫他，為公司做一次全面的整頓，改善公司的體制，衝得更高更遠。

俊毅的評估計畫終於出爐了，所有的主管都屏息以待，看看要怎樣「變天」……。

「在瞭解每個部門的作業之後，我覺得公司需要全面電腦化、透明化，把所有的資料全部輸入電腦。要查哪批貨、哪筆帳乃至估價的細節，一按鍵就清清楚楚地出來，既增加了效率，減少了人情干擾，又可以防弊！」

俊毅把一份厚厚的計畫書，交給了董事長：「上面寫得很詳細，連電腦的容量、機型，都做了評估，花不了多少錢。您只要交給採購部門，找人估價就成了，到時候我會協助安裝，並教大家使用……」

「好！好！好！我來看看！」董事長頻頻點頭，又轉過身，「楊小姐，你也研究研究！」

一個月就能辦妥的事，居然拖了近半年。難道董事長和楊小姐要研究這麼久嗎？不過每次開會，他必定豎起大拇指，大聲說：「俊毅這個計畫真是太偉大了。我愈看愈佩服，一定要做！一定要做！」

大家都猜到俊毅很快會升到一級主管，果然董事長在會議上宣佈了這個消息：「俊毅留美多年，我們公司應該積極借重他的長才，以開拓海外市場，所以我決定設立美國辦事處，請俊毅擔任駐美代表。同時為了使他能無後顧之憂，公司要為他在美國買一棟房子，全家的機票、搬家和子女的教育費，全由公司負擔。」

多麼優厚的待遇啊！人人都露出羨慕的眼光。只是公司的全面電腦化，要由誰來負責呢？

「我正在研究！」每次有人問，董事長都這麼說，「一定要做！一定要做！」

許多人讀這個故事，都會說俊毅功高震主，董事長為了讓他遠離權力中心，所以把他外放。

實際故事中的功高震主，並不合於功高震主的「狹義」解釋。狹義的功高震主，是當臣子的功勞太高、權力太大時，有將「主」推翻取而代之的可能性，使「主」為之震動，而不得不將這個強臣除去。至於功高震主的「廣義」解釋，就複雜多了，最少我們可以歸納成以下兩種：

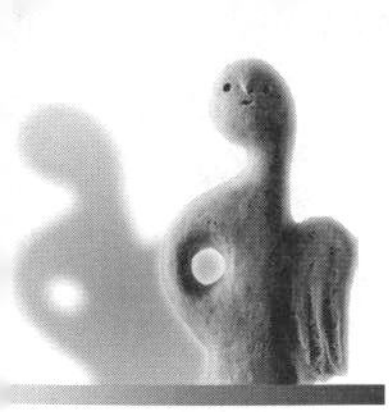

1.對上司的瞭解太深，或因為與上司太熟，恃寵而驕，造成「功高震主」。譬如歷史上許多幫助草莽出身的皇帝，打天下的臣子，後來沒有好下場。不見得因為他們可能奪權；而是因為當「主」成為了所謂「真命天子」時，在萬民眼中，他是龍；在當年穿同一條褲子的老夥伴眼中，仍然是普通人。做了龍的主，是無法忍受被看為凡人的，所以那些不知道跪在地上的高呼「吾皇萬歲萬歲萬萬歲」的老朋友，便要被一一除去。

這種情況也常發生在夫妻之間，許多由貧苦環境中奮鬥出頭的夫妻，不能白頭偕老，是因為當昔日的貧賤小子，成為眾人偶像時，在他老婆的眼中，卻仍然是個平凡人。當世人都認為他的學問浩如煙海的時候，在妻子的眼中，卻一清二楚，知道他不過讀了那幾本書。當他在餐桌上高談闊論時，坐在旁邊的妻子卻心中的暗笑，丈夫談話的內容，她已經聽了幾百次。

於是當有一天那成功的男人，遇到崇拜他的女子，再與常冷言冷語，傷他自尊心的妻子相比時，極可能放棄糟糠之妻。

2.因做事的方法太直，可能對上司造成傷害，以致震主。譬如一個草莽英雄革命成功，為了建立秩序，他需要良好的司法制度；也為了表現興利除弊，去除舊社會的腐敗，他必須整肅貪污。

這時候，他要面對許多困難。其中包括幫他革命的老朋友，這些老朋友很可能正是貪污者，他們自然成為阻力。為了表現大公無私，做「主」的常不得不對老朋友開刀。接著的問題，是「主」本人，或他的家族，也可能有不法的事，當司法和監察制度真正建立時，他自己也難逃被調查的命運，這時做主的，便不得不放緩原有的步子，甚至到頭來成為改革的阻力。

俊毅的功高震主，正是因為他的大力改革。起初雖然對董事長有利，但到後來，卻可能因為使公司太「透明化」，造成對董事長有害，而遭到「外放架空」的命運。

避免功高被殺

廖先生今年四十歲，剛離開他待了十五年的公司。

十五年前，他到一家小電器行工作。廖先生忠誠能幹，甚得老闆的器重，廖先生頗有「士為知己者死」的豪氣，每天賣命地做，老闆也未虧待他，兩人情同手足，業務也因此而一日千里。後來公司擴大，進口外國家電，廖先生花了半年時間建立了全省的經銷網，可說備嘗艱苦。老闆對他的表現相當滿意，待遇、紅利也一年比一年給得多。

三年後，公司開始穩定成長，廖先生的擔子放了下來，開始有空出國散心。在老闆的指示下，他把很多重要工作交出去，成為一個「德高望重」的「長老」。廖先生也對他能在立下戰功之後享「清福」大為滿意，誰知半年後，老闆拿了一張支票放在他桌上，要他離開這家公司……，廖先生萬分不情願，可是也不得不離開。

這個故事就是「殺功臣」的故事。並不是每個「老闆」都會殺功臣，但「功臣」被殺，也總是有原因的，分析如下：就「老闆」這邊來說，有的純粹是基於私利，不願「功臣」來分享他的利益，搶他的光芒，所以「殺功臣」；有的老闆為了保持「天下是我打的」的絕對成就感，所以殺功臣；更有的認為「利用」完了，再也不需要這批當年一同打天下的「戰友」，所以殺功臣。

就「功臣」這邊來說，有的「功臣」自以為幫老闆打下天下，如今「天下太平」，自己正可以握重權，領高薪，甚至「威脅」老闆順從自己的意志；有些「功臣」因為的確「功績不凡」，頗受屬下愛戴，因而結黨營派，向老闆「勒索」權益；有的「功臣」則不斷對外炫耀自己的功績，忘了「老闆」的存在……。

總之，功臣對老闆產生威脅感、剝奪感，老闆自尊被損，又不願功臣成為負擔，從義理、私心考量，於是不得不假借各種名目把「功臣」殺了。說老實話，有時候「功臣」還不得不殺，因為有些功臣在立下「戰功」之後，會認為自己的功勞天大地大，其囂張跋扈到成為危及大局的危險因數，殺了他，反而可以使大局清明穩定，所以，「殺功臣」這件事並不見得都應受到責備。

不過，再怎麼說，「殺功臣」之事總是令人傷感，而一個人若有能力，也不必避免當「功臣」，倒是「天下」打下來之時，自己的態度要有所調整：急流湧退，另謀出路。功臣不必然會被殺，但被殺的可能性永遠存在，因此與其待得越久，危險性越高，不如在老闆還「珍惜」你時，以最光榮風光的方式離開，為自己尋找另一片天空！也許你走不掉，至少這個「退」的動作也是表態，老闆會欣賞你這個動作的。

隱姓埋名，不提當年勇。也就是說，如今只有老闆的名字，你的名字「消失」了，一切「榮耀」歸於老闆，你從此「沒有聲音」！也不可提當年勇，你一提，不就在和老闆爭鋒頭嗎？他是不會高興你這麼說的！

淡泊明志，終生為「臣」。利用各種時機表現自己的「胸無大志」，無自立為「王」的野心，永遠是老闆的人。你若野心勃勃，老闆怕控制不了你，又怕商機被奪，遲早會對你下

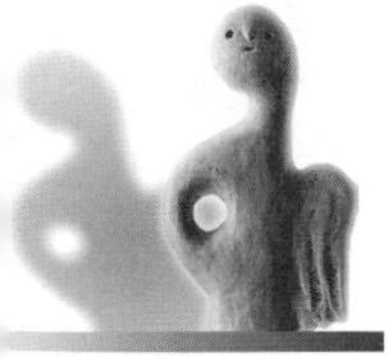

把你犯的過錯看得最清楚的人，如何願意一直相信你，是一個很重要的問題。

「毒手」！與時俱進，自顯價值。很多「功臣」認為「理所應得」很多利益而不做事，然後成為退化的一群，因而被「殺」！因此要保全，必須隨時顯露自己的價值，讓老闆覺得少不了你，否則一旦成為「廢物」，就會被當成「垃圾」丟掉，誰在乎你曾是「功臣」呢？

廖先生的事很令人同情，不過，恐怕他也有需要檢討的地方。

與上司化敵爲友

對你來說，上司是一個不可理喻的人。不管你如何努力向他解釋自己的處事方法，他一概不理，指定要你依照他的方法處事，只要是稍為拂逆他的意思，他便暴跳如雷，令你精神緊張，心煩意亂，對工作感到厭倦，甚至想過以辭職作為無聲的抗議。

怎樣才能令這種頑固的上司改變態度，願意聆聽你的意見，彼此好好合作？以下有些忠告，你需要輔以耐性，按部就班一一嘗試。

1.**不要認為自己的處事方式及建議一定正確：**你與上司談話時語氣須溫和、態度客觀，不妨多作讓步。

2.**人人都有自己的意見，但是殊途同歸：**大家都是把公司的利益放在大前提下，與上司和平共處，使分歧的意見得到協調，是你的職責。

3.**當你提出自己的要求和建議時，首先冷靜地想想：**究竟是誰需要誰的協助？誰是主？誰是副？

4.**在一般的情況下，儘量避免在辦公室跟上司展開激烈的爭辯：**應該在下班後請他到附近的餐廳喝杯咖啡，在輕鬆的環境下，把你的看法委婉地提出來。

5.**你要專心聆聽上司的說法：**避免搶先表達自己的意見，他可能也有難言之隱，你應該學會替人設身處地想一想。

6.**摒除成見：**不要以為上司必定是個難纏的人，儘量與他成為好朋友。

與上司有了衝突怎麼辦？

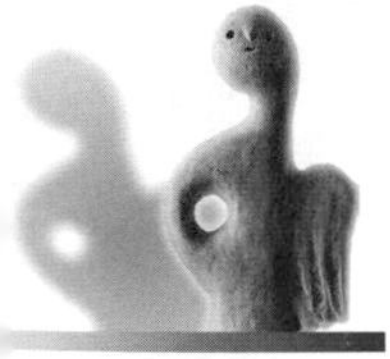

把你犯的過錯看得最清楚的人，如何願意一直相信你，是一個很重要的問題。

1.**以和為貴：**這是中華民族的傳統道德和哲學思想。因為，在所有世俗事物及人與人之間的關係中，歸根到底必須追求和趨向於團結、一致，人類的共同事業才能實現。下屬與上級相處，同樣也必須堅持以和為貴的哲學思想，主動與上級在工作上保持一致，在思想上、言行上與上級保持團結，只有這樣，才能創造效益，不斷發展。我們這裡所說的以和為貴，是指和諧一致的「和」，和平共處的「和」，有此「二和」，世界上還有什麼寶貴的東西不可以創造呢？

2.**以惠為上：**下屬與上司都是為了追求各自的應得利益走到一起，所以，互惠互利的需求願望和實現程度，就構成了下屬與上司之間的關係能否和諧的基本框架。在實際工作中，下屬能否積極有效地為本部門創造好的工作業績，是獲取上司信任、贏得上司偏愛的首要因素。而上司在管理的過程中，能否給下屬以相應豐厚的勞務報酬和應有的福利待遇，是獲得下屬擁護、增強一個部門凝聚力的基本要素。

總括來說，下屬與上司之間要想建立真正的和諧關係，雙方都必須給對方創造互惠的利益，沒有互惠的利益作基石，其他一切將無從談起。

3.**以爭為下：**下屬與上司相處，提倡以和為貴，並不是說不要爭，該爭的還是要爭的。因為，在現實生活中，有些時候，對待有些事情和有些人，如果不堅持基本的是非原則，該爭論的不爭論，該爭取的利益不爭取，我們就會失去應有的尊嚴和應得的利益。事實上，當我們被上司有意刁難時，如果我們不敢為捍衛自己合法的利益而奮起抗爭，不僅喪失自己的尊嚴和應得的利益，還是一種對社會公德及社會利益的怠慢和褻瀆。

所以，下屬在與上司相處受到不法侵害時，應該進行有理、有力、有節的各種合法形式的鬥爭。如果你顧慮重重，思前想後下不了決心，結果只能助長品質惡劣的上司更加囂張的氣焰。但是，在現實生活中，品質惡劣的上司往往佔的比例很小，這有待於在今後的工作中不斷提高自身的素質和修養。管理者應看到，我們把「爭」列為同上司打交道的下策，就是說不到萬不得已時，最好不要採取鬥爭的形式來與上司見高低、爭分曉。

第七章・在同事中出類拔萃

在你的身邊，存在著很多厲害的對手，他們有的人能力比你強，有的人關係比你廣，即便有的人什麼都不行，他卻能夠通過種種詭計，把你的功勞搶去，如何在這些人當中鶴立雞群，顯得你卓爾不群，就成了擺在你面前的難題。

人際關係的六種類型

作為上班族的一員，尤其對新職員而言，應該瞭解公司的架構和組織，及活動模式與個人扮演的角色。

比如說，公司架構有官僚階級式、家族式……等之分；而活動模式方面有戰場型、家庭型及和平共處型。無論你選的公司屬何種型式，當你在未踏進該公司大門前，必須審慎考慮和瞭解清楚，究竟自己將會在何種型式的公司內生存及發展個人事業。

一般來說在層次分明的公司工作，很多時也就是大機構裡的小職員，地位輕如鴻毛。而在家族企業的機構作業，則難有大展鴻圖之機。當然這也不是絕對的，還是要視乎個人努力與際遇。

不過，無論在怎樣的公司工作，人際關係是有必要認識清楚的。假如你能在進入該公司前已略有所知當然值得慶幸，即使進去後才曉得其中險惡，亦宜懸崖勒馬，不致泥足深陷。下面介紹人際關係的六種類型：

1. **針鋒相對型：**這種關係多數是出現於同事之間。上司往往是置身事外，視若無睹，更甚者，他正是形成這種關係的幕後黑手。同事間的不和通常就是因摩擦、競爭、升遷加薪而起，一般可能出現於高等商業機構之中。作為其中成員，稍有差錯亦會掉入陷阱，切

加提防。

2.各懷鬼胎型：這種關係可謂糖衣毒藥、笑裡藏刀。一般來說，辦公室內的上班族都是較為成熟世故、人事經驗相當豐富的，少見喜怒形諸外之人。平日相處和諧，彼此仿如摯友親朋，只待可乘之機便施展各自伎倆，這種關係通常發生在一些知識水準較高的圈子中。有時互相觀摩切磋，相敬如賓，當有利害衝突時，就比狼虎還要狠毒，所以你切忌天真。

3.互組小團體型：人類害怕孤單寂寞。同樣，辦公室的上班族也忌勢孤力弱，所以多少總要結交一些同聲同氣的盟友，以防遭人暗算或彼此照應。至少在開會表決時，即使未能多兩張贊成票，也希望能少兩張反對票。故此，互相結盟幾乎是上班族的普遍現象，千萬別於小團體分明時，自己仍是孤軍作戰，否則必死無疑，切記合群。

假如你所遇到的公司，其辦公室內人際關係如上述三種類型，而你又自問並非交際人才，那麼，我勸你還是：三思而行。若有其他更佳選擇，也不妨棄暗投明，改變方向，免得碰得焦頭爛額，抱憾終生。

至於下列三種類型就較為適宜一般新職員生存，在氣氛和人際壓力上也較自然和輕鬆，能給予新職員循序漸進學習的機會。

在你的身邊，存在著很多厲害的對手，他們有的人能力比你強，有的人關係比你廣。

4.各人自掃門前雪型：明顯地，這種關係是河水不犯井水，只要能有私人空間，幾乎可以一天打不上兩次招呼。在此同時，辦公室內往往一片死寂，了無生氣，或者只有機械性如電腦、打字機所發出的聲音。不用贅言，這種情況多數是出現於一些要求嚴謹，計算要準確的機構，所有人皆全神貫注於個人工作崗位上，絕不馬虎。在此環境內工作，雖鮮有是非可言，也無樂趣可說，請人幫忙時更是免開尊口，切忌活潑。

5.萬眾齊心型：能夠令辦公室內同僚萬眾齊心的，必然是因為有一個讓人討厭的上司。這個共同敵人促使其下屬立場一致，尤其當上司和員工利益有所衝突，或者立場相對時就會更加明顯。員工往往和上司有著抗拒性甚至極不友善的態度，此情況或許會出現於一些文教機構如報社等。

6.和平共處型：你一定會奇怪為什麼會有和平共處型？一點也不奇怪，完全有可能，只是例子比較罕有。比如在一些做與不做都一樣，又或者是某些毫無挑戰性或獎賞的工作，那些上班族的成員就不用博取升職加薪而明爭暗鬥，反而可以培養彼此友善對待和長久友誼，切記珍惜。

假如你的公司是屬於後三型，也總算是不幸中的大幸。要知道世上本來就不會事事如意，只要不是置身於惡劣的工作環境中，也著實值得慶幸。在以上各類型的人際關係中，稍

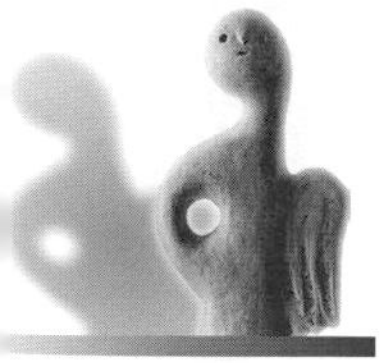

有智慧的人都能平穩度過。不知道前三類型的人隨時可能被置於死地，故此，你要步步為營，事事小心，再依循本書所講的指南去做，必定能建立良好人際關係，平步青雲。

被同事敬重才能發展

你是否發現，往昔那些被人敬重的同僚絕大多數都更上一層樓，有不錯的發展，而那些被人看輕的同僚大多數都不怎麼樣，發展不錯的很少。

想想什麼原因，你被同事或上司看輕：你是否整日一副懷才不遇的模樣，自己看不起你的工作、職位，整日無精打采！你是否把工作不當回事，反正是混口飯吃，舒服點別出錯就成！你是否經常遲到早退、爭功諉過、度日如年、獨善其身、渾水摸魚、收取好處……。

一言以蔽之，這種臭毛病可統稱為工作態度不敬業。你不敬業，一則無形中刺激、羞辱了那些敬業的同事，使他們以看輕你作為無言的報復；一則讓人認定你是個不求上進的無賴、混混，如果你這種表現也被上司知道，那麼別想在工作上有所表現！因為他不敢好好用你！

也許你會說，被看輕就被看輕嘛，有什麼了不起？其實「被看輕」這件事的重點不在於別人，而是你自己。你如果因不敬業而被看輕，這些評語會到處散播，這對你相當不利，事態若太嚴重，你甚至會連新的工作都找不到，因為同行一定知道你的不敬業，誰敢用一個不敬業的人呢？如果你不敬業，就算人們不四處散播對你的評語，對你也沒有好處，因為你無法從工作中汲取更多的經驗，而不敬業如果形成習慣，你一輩子就別想混出個樣！

不要以為被人看輕和工作能力沒有太大關係，人們會尊敬能力中等但拼勁十足的人，但不會尊敬一個能力一等，但工作態度不佳的人。如果你能力平平又不敬業，那麼保證別人會把你看輕，在「一個蘿蔔一個坑」的現代企業中你甚至有捲舖蓋走人的可能！

做一個成功的主管

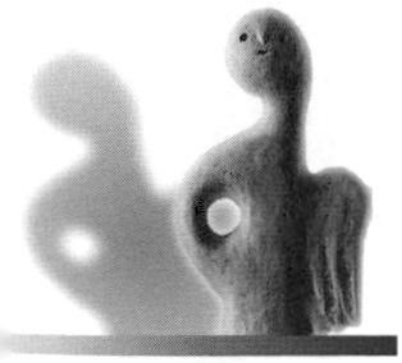

人人都希望升職加薪。若上司提拔你，你由一個普通職員升為他的得力助手，不但薪水大大提高，以前與你有說有笑的同事，如今也變成你的下屬，你可以隨意吩咐他們做事情，這當然是件愜意的事。

面對這種突如其來的轉變，你或許會感到手足無措，尤其是你不知道應如何與其他同事相處。他們可能妒忌你，對你投以敵視的眼神，並不願意與你合作。

升職加薪本來是一件令人振奮的事情，何須憂慮重重。美國牛津大學著名心理學教授柏頓博士指出，在這種情況下，沒有被上司提拔的職員遷怒於你，把你視作敵人，也是人之常情。只要你運用一點技巧，態度正確，大家一定會接受你，不會永遠跟你作對。以下是博士的建議：

1.與其終日愁眉不展，心思亂作一團，不如把精神集中應付你的新工作，把自己的責任清楚地列在紙上，仔細計畫工作進度大綱，給下屬分配工作。

2.你的態度必須公正，不可存有私心，讓你的下屬工作比重人人相等，也不要把責任集中於某一位同事身上。

3.你要明白一個事實：你獲得升職的原因，是由於工作表現良好，所以讓下屬尊敬你的方法，是令他們覺得自己也有晉升的機會。在分配工作時，使各職員獲得一些新工作或挑戰，給予下屬自我表現的良機。

4.你應該與別人分享自己的快樂，不可自滿，不要以為自己有什麼了不起的地方，所以獲得上司賞識。經常請同事聚一聚，能促進感情，令人覺得你易於相處。

5.將你的新工作計畫清楚說明，不可故弄玄虛，把微不足道的事情也視作秘密，很難獲得下屬對你的信任。

怎樣應對不利於自己的同事

不利於自己的同事包括城府較深的人。這是指那些不願讓別人輕易瞭解其心思，或知道其在想什麼，有什麼要求，而總是通過各種方式保護自己，深藏不露的人。這種人往往說話不著邊際，對任何問題都不做明確的表示，經常是含糊其辭，顧左右而言他。和這種人打交道，常常是很難溝通的。由於很難得到他們真正的想法，所以人們往往也不願把自己的內心

世界向他們敞開，而是有所保留，甚至對他們有所防備。

城府較深的人通常有以下幾種情況：首先，他可能是一位工於心計的人，這種人為了在與別人打交道時獲得主動，或者出於某種目的不願讓別人瞭解自己，而把自己保護起來。而且，這種人還總是希望更多地瞭解對方，從而在各種矛盾關係中周旋。使自己處於不敗之地。其次，他也可能是一位曾經受過挫折和打擊，並受到過傷害的人。過去的經歷使這種人對社會，對別人有一種十分強烈的敵視態度。從而對自己採取更多的保護。還有一種情況是，他可能對某些事情缺乏瞭解，拿不出有價值的意見。在這種情況下，為了掩飾自己的無知，從而以一種未置可否的方式，含糊其辭的語氣與人交往，並裝出一種城府很深的樣子。

顯然，對第一種人，你應該有所防範，警惕不要被他利用，並成為某人的工具，不要讓他完全得知你的底細。對第二種人，則應該坦誠相見，以誠感人。這種人的城府並不是為了害人，而是為了防人。所以，你對他不應有什麼防範，為了真正達到溝通的目的，甚至可以毫不保留地對他敞開你的心扉。對第三種人則不要有什麼太高的期望，也不必要求他提供某種看法或判斷。

一個人要想做到在工作中面面俱到，誰也不得罪，誰都說你好，恐怕是不可能的。因此，在工作中與其他同事產生種種衝突和意見是常見的事，那麼，對於那些對自己有意見的同事，要不要繼續和他們來往與合作呢？

應該說，同事之間儘管有矛盾，仍然是可以來往的。首先，任何同事之間的意見往往都是起源於一些具體的事件，而並不涉及個人的其他方面。事情過去以後，這種衝突和矛盾可能會由於人們思維的慣性而延續一段時間，但時間一長，也會逐漸淡忘。所以，不要因為過去的小意見而耿耿於懷。只要你大大方方，不把過去的事當一回事，對方也會以同樣豁達的態度對待你。

其次，即使對方對你仍有一定的成見，也不妨礙你與他的交往。因為在同事之間的來往中，我們所追求的不是朋友之間的那種友誼和感情，而僅僅是工作，是任務。彼此之間有矛盾沒關係，只求雙方在工作中能合作就行了。由於工作本身涉及雙方的共同利益，彼此之間合作如何，事情成功與否，都與雙方有關。如果對方是一個聰明人，他自然會想到這一點，這樣，他也會努力與你合作。如果對方執迷不悟，你不妨在合作中或共事中向他點明這一點，以利於相互之間的合作。

最後，對自己有意見的人，他也會覺出你對他有意見。只要雙方都不是那種古板固執的人，實際上也都想透過某種方式和解。因此，這種交往不僅是可行的，往往還是必要的。

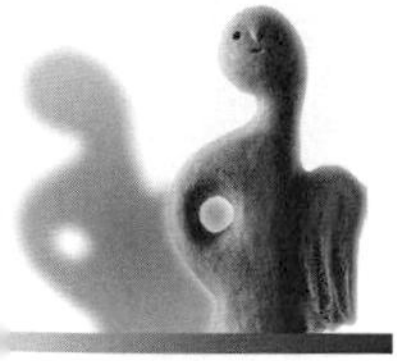

同事之間少不了互相幫助。但是，有些人在與人交往時，卻往往具有十分明顯的功利性。你對他有用，你能幫助他解決問題，或你具有某些他可以利用的關係等等，所以他才與你交往。當我們知道某個同事在與自己交往中是帶有這種企圖利用自己的動機時，還要不要與他交往呢？

一般說來，你不必因為發覺對方的這種動機而與其斷交。因為，你不能以一個朋友的標準去要求同事之間的交往和相互關係。同事之間的來往總是有限的，也不可能過於親密。它不可能像朋友那樣，是建立在共同的興趣、志向和相互信任的基礎上，也不可能是絕對純潔的。所以，你不能對這種交往有太高的期望，也不要希望其中有太多朋友般的感情內涵。因此，儘管你發覺某人與你交往中是想利用你，也不必感到氣憤，不必與其斷交，只需適當地把握這種交往的程度和分寸即可。當然，我們也應該區分這種利用的目的和性質。有些人故意和自己套交情，拉關係，往往是為了拉幫結派，或者說是為了達到不光彩的目的。在這種情況下，應該及時地予以回絕和抵制。千萬不要被某些人當棋子使。如果他人僅僅是想借你的某些優勢和關係為個人解決某些實際困難，你們則可以非常自然地保持正常的交往。

獨斷專行的人。這些同事在平常的交談中，他們的語氣，絕大部分是肯定的。凡事不搞清楚，就妄下斷言。但是，他們這種獨斷的語言，卻不是經過深思熟慮才得到的結論，而是依照特定的形態，一一予以論斷。

一位社會學家，將這一類型的人叫權威主義的性格。德國的中產階級，多屬於這一性格。正因為人們個性上的這一特點，所以構成希特勒、法西斯主義的心理基礎。在日本人當中，這一類型的人多屬於強者。

權威主義的特徵，在於洞悉一切事物、權力利益的大小關係，他們會遵從有權威、有勢力的人，而且卑躬屈膝而不以為辱。反之，對於他的下級，沒有權勢的人，他會蔑視他們，極盡侮辱之能事。

但是，這一類型的人中，也有愛國家、愛團體的人，他們嚴守規矩，遵守紀律，崇尚高尚的道德，痛恨沒有原則、不遵守準則的人。軍人和員警中，這一類型個性的人就很多。但是，也有一些反權威、反上司、反法規的人，從某種意義上說，他們也是權威主義者，但是，他們卻成為政治家或推行某一運動的宣導者。

與權威主義者交往的秘訣，就是絕對服從他個人所信守的原則。如果想要說服他時，最好也運用權威的力量，舉出實際具體的例子來擊倒他的原則，這樣，他就會折服於你。

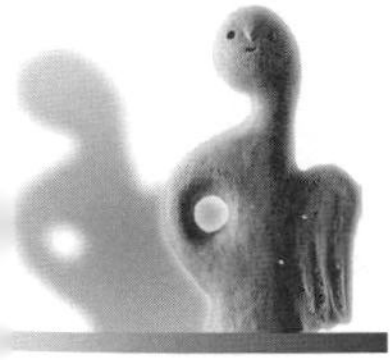

善於和「狂妄」的同事相處

「狂妄」這個詞，詞典裡面的解釋是「極端的自高自大」。現實生活中，人們把「狂妄」的人定義為：舉止高傲、自命不凡、語調亢奮、用詞尖銳、待人接物不屑一顧的人。為什麼要同這種人交往呢？因為事物總是一分為二的。所謂「狂妄」，如細加剖析，就不難發現，其中有兩類：一是自信，一是自負，不能籠統對待，必須嚴格區別。

「自信」，是創造意識的反映。自信的人，時時處處相信自己掌握著真理，他們不懷疑自己的所作所為以及自己的全部意識是不是符合客觀規律，是否正確，他們堅持走自己的路。自信是一種積極的、肯定的品質，它是建立在豐富的知識和橫溢的才華之上的。諸如高傲、自命不凡、不屑一顧等詞語，實際上是他們的自信心在某種性格條件下的無意流露。他們信服的是真理，而不是人。他們注意獲取資訊，卻又不願與眾人苟同，因此，在社會交往中，他們常常相當孤立，為人所指責。

翻開科學發展史，幾乎每一頁都滲透著不苟同於眾人、不苟同於權威的「自信」與「盲從」的鬥爭。眾所周知的布魯諾大義凜然踏上火堆為真理獻出生命就是一例。亞里斯多德著《天論》，認為地球是靜止不動的，是宇宙的中心，即所謂「地心說」。這個學說被基督教所利用，成了神聖不可侵犯的信條。哥白尼經過三十年的研究，《天體運行論》才於他逝世的那一天公諸於世。布魯諾傳播「日心說」，被咒為「瘋子」、「魔鬼」，被反動教會判處火刑。

愛因斯坦說：「世間最美好的東西，莫過於有幾個頭腦和心地都很正直的嚴正的朋友。」「自信」的「狂妄」者，就是「頭腦和心地都很正直的嚴正的」人。這種人，大多是社會的中堅，我們為什麼不與之交往與結誼呢？

和這種「狂妄」者相處，最好的方式是：探討請教。要作探討式的相處，就必須使自己的理論素養和知識水準達到與之協調的層次；要作請教式相處，就必須虛心，對方說話時不可隨便插話。另外，這種人一般都比較忙，都很珍惜時間，所以不要經常打擾，而且談話時間應短。

「自負」，是自以為了不起。自負的人，一般對自己缺乏科學的評價。他們實際上沒有多少學問，往往是自我吹噓，誇大其辭。他們所表現的高傲、不屑一顧等神態，實際上是一種作為心靈空虛的補充劑，以維持其虛榮的心理平衡。這種「狂妄」的人，乍看起來似乎視野開闊，天南海北，無所不談，好像一副居高臨下的樣子；其實是嘴尖臉皮厚腹中空空如也

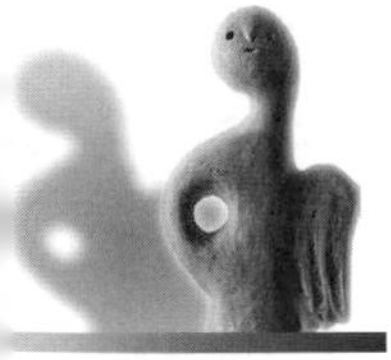

的人。所以，與之相處，只要就某一問題深入探討，他們就會露出馬腳。一旦露出馬腳，他們的威風也就掃地。與這種人相處，第一次就應把他們的放蕩行為嚴肅地「震住」，往後的交往就將勢如破竹，順利多了。

不同類型下屬的對待方法

管理者應正確區分不同類型的下屬，準確瞭解下屬對上級的不同希望和要求，因人制宜地進行協調工作。西方管理學家一般將人分為三種類型：內導型、他導型、內導與他導中間型。內導型（主導型）人員的特點：自重、自信，創造思維能力很強，善於學習他人，遇事有主見，期望自己在群體中成為舉足輕重的角色，能通過自己的行為影響其他人，對於別人的意見總是先思考、後行動，不喜歡盲目服從。他導型（依附型）人員的特點：他們的行為較多地接受其他傳遞角色的外在影響，屬於角色的接受者。這種人缺乏主見，卻善於協調人際關係，願意接受他人的支配，表現出一種順勢行為。在群體中，他們適應人際環境的能力很強，善於隨機應變。中間型的特點介於上述兩種之間，一般具有兩種類型的某些特點。

值得注意的是，以上三種類型的劃分，只能作為一種「純理論」狀態的探討，不能在實際運用中照套照搬。因為現實生活中很難有這樣鮮明的「典型」。同一個人在不同的時間地點和背景下，會表現出不同的行為特徵。所以，管理者應避免機械地將下屬劃分類型，然後根據不同類型擬定協調方案。管理者應看到人的複雜多樣和動態變化的一面，又要看到其相對穩定和個性鮮明的一面，充分協調好與下屬的關係。在協調與不同類型下屬的關係時，一般應注意下面幾點：

1.對於內導型特徵比較鮮明的下屬，管理者應在職權範圍內，適當放手讓他們去獨立工作。這樣做，可以使他們產生一種得到上級「信任」和「器重」的自豪感，從而更加積極主動地工作。

2.對於他導型特徵比較鮮明的下屬，管理者要善於運用「用人授權」和「遙控指揮」的管理藝術，明確、具體地下達有關指示，有階段性地不斷分派給他們新的任務，使他們的積極性經常處於良好的「發揮狀態」。

3.要根據不同的工作崗位的性質要求，恰到好處地「調節」下屬的行為特徵，使其適應所

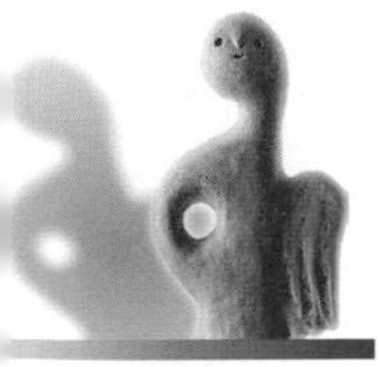

在你的身邊，存在著很多厲害的對手，他們有的人能力比你強，有的人關係比你廣。

從事的工作，既然每個人都具有複雜的可變的行為特徵，那麼，就應該斷定，這種行為特徵是可控制、可調節的。作為主管的職責，就是不僅要善於區分不同類型的下屬，有效地「掌握」和「利用」下屬的某些行為特徵，更重要的是，還在於根據下屬所在的工作崗位的性質要求，將下屬的行為特徵「調整」到能夠適應工作需要的程度。

4.應注意將不同類型的下屬進行合理搭配，組成理想的群體結構。因為，在某一個職能部門中，如果他導型人員過多，將會使整個組織趨於保守，失去創造力和內在活力。而如果內導型人員過多，會使整個組織出現鬆散、失控和效率低下的狀態。只要按照適當的比例，合理使用這兩種人，做到不偏不倚，才能協調好同下屬的關係。

善用強力下屬

隨著經濟的迅速發展，管理者的自主權日益擴大，他們仍有很大的權力空間來控制和制約下屬，而且雙方有很大的周旋餘地。因此，如何與較難對付的下屬協調好人際關係，是管理者所面臨的現實問題。

管理者在工作中往往會碰到一種桀驁不馴的下屬，他們足智多謀，有能力和魄力，同時又鋒芒畢露，野心勃勃，處處透著懾人之威。這些下屬常常提出與上司相反的意見，而往往又能顯示出他們意見的高明。這使很多管理者不知如何對待他們：用他們又難以駕馭，搞不好弄得自己威信掃地，被他們取而代之；不用他們又人才難得，非他們事業不能振興。

一些抱著「寧要奴才，不要人才」信條的管理者，對這種人往往倍加壓抑，把他們放在不顯眼的位置上，不讓其嶄露頭角，以便磨掉他們的鋒芒。這種管理者其實是最愚蠢的，表面上他們的權力、地位不受威脅，威信得以維持，但是代價是人才外流，眾叛親離，企業或部門處於半死不活的局面，管理者為維護個人的名望而不顧企業或部門的榮衰，可謂本末倒置。

中國有句成語：水漲船高。管理者如果能夠理解其中的奧妙，不但不會害怕能力強的下屬，而且還能夠駕馭他們，敢於使用強者不就是證明自己更強嗎？古代民間流傳的英雄，

如劉備、宋江比起他們周圍的人來說似乎都是最無能的，可是他們卻成功地駕馭了那些比他們強得多的人才、將才，而且他們的「英雄桂冠」又剛好是借後者的英雄業績得來的。若沒有梁山一百零八將，宋江憑什麼威震山東？若沒有諸葛亮和關羽、張飛，劉備又何以獨霸一方？漢高祖劉邦被人稱為「大草包」，文不如張良，武不如韓信，可是若他容不下這兩人，又憑什麼打敗蓋世英雄項羽而登上王位？一個聰明的管理者，應該從歷史的鏡子中得到教訓。下屬是水，管理者是船，船哪有怕水漲的道理。下屬能幹是部門的光榮。即使不說「領導有方」，至少也可以說「用人得當」，這難道不是順理成章的事嗎？

不過水能載舟，亦能覆舟。真正的人才可用，但極難用，如何同桀驁不馴的下屬協調好關係，用好他們，就看管理者的本事了。

方法不外乎有兩種：一種方法既要用又要壓，既要用又不放手，出力是你的，功勞是我的。一旦出現失誤，原因雖在我，責任由你擔，這種做法肯定要翻船，同時好人才也不會再為你出力，最後落個孤家寡人；另外一種方法是放手任用，充分信任，為他們提供施展才能的機會和條件，採納他們的意見，賦予他們解決問題的權力，失敗了由自己承擔責任，成功了功勞歸於下屬。俗話說：「士為知己者死」。管理者若能做到以上幾點，那些能力強的下屬不但不會功高壓主，反而會心甘情願地服從你。實際上，當下屬的能力充分發揮出來時，不但不會降低管理者的威望，反而會提高其威望。「大海低方能納千穀之流」，對於能力比自己強的人，你謙虛一點尊重他們，反而能令其心服，同時也可以吸引更多的人才。只有同能力強的下屬形成和睦融洽的人際關係，一個企業或部門才能興旺，事業才能發達，至於個人的名望也會隨之提高。

能夠駕馭強者的上司才是真正的強者。承認下屬比自己強的人並不一定是無能之輩。「能力」有各種各樣的解釋，但是善於團結人、使用人才是最高超的「能力」。一個具有某一方面能力的人，只在某一方面有所成就。例如，有寫作能力的人可以成為大作家，有表演能力的人可以成為名演員。然而能成功地協調人際關係，有用人能力的人，卻可以在一切方面有所成就。因為他們善於借用別人的能力，他們是站在巨人的肩膀上，他們比巨人還高，只有不怕巨人的人，才能比巨人高。

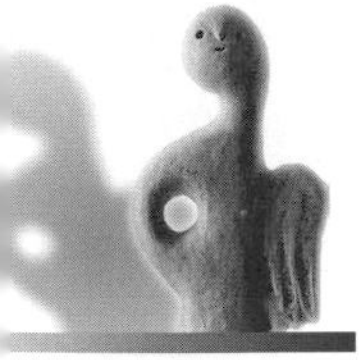

在你的身邊，存在著很多厲害的對手，他們有的人能力比你強，有的人關係比你廣。

新職員建立良好關係的五大法則

建立良好的人際關係是一個延續不斷的過程，你必須不斷爭取同事與上司的諒解和信任；另一方面，也要經常作出自我檢討和糾正謬誤。因此，良好的人際關係不單可助你事業成功，亦可發掘自我內在潛能。

正如一開始時所說，社會支援和同事的關係對個人事業有著極為密切的關係，所以，必須好好應付。優秀的上班族通常早已洞悉其中關鍵，懂得其法門和秘訣。綜合說，其實不外乎以下五種特性，只要新職員能加以學習和應用，必能為你的事業邁出第一大步。

1.勤勞：所謂「勤有功、戲無益」。在辦公室之內，即使你效率甚佳，做事快速，仍然要懂得適當的掌握，儘量把工作時間調節到比別人快一點，切不可太慢，更不可太快，否則必定招來輕視和嫉妒，有損良好人際關係的原則。

既然上班族所出賣的是勞力，而公司除了需要成效之外，其實是購買你的勞動時間。即使你在預定時間內完成所有工作，也不能以為剩下來的是屬於你個人的時間，大可悉隨尊便，甚至無所事事，這往往給人極不良的印象——工作不認真。

故此，無論這份工作需要多久才能完成，你必須鞭策自己在某特定時間內結束，太快和太慢均會帶來不利後果，保持埋首苦幹才是上策。

2.**謙卑：**要獲得同事的認同和接受，新職員必須要謙卑，凡事要忍讓。本著孔融讓梨、敬畏前輩的精神，務求令同事視你為初出茅廬之輩，少加傷害。優秀上班族必須懂得如何以功過來壯大自己的地位和聲譽。例如，何時才應當替人善後，又何時才可在立功後保持謙卑。只要處理某些事情稍有不當，必定會有後患。

3.**健談：**健談也就是與同事間有很多不同話題，而能夠引起一般上班族興趣的自然不會是天文地理或是什麼學術探討。相反的，一些與上班族有著密切關係的人和事，才能使大家動之以情，曉之以理，惹起大家的評論欲和正義感。無論是或非，讚揚抑或貶斥，你都不要忽略談話者自身利益。適當的褒貶說說無妨，但還是多聽少說，附和比發表獨特意見來得安全，明哲保身才是最高戰略。

4.**活躍：**孤芳自賞，脫離群體的人又怎可能建立良好人際關係呢？所以涉世未深的上班族在未建立個人勢力和地位時，還是應該逢請必到，逢到必早，才能加深他人對你的印象。

初期，或者你會感到頗為疲乏，但一定不能顯露，相反要加倍開心和投入，表現得自己異常熱愛這些社交活動，才可令同事對你產生好感。尤為重要的一點，不論上司、同事還是下層員工，只要有人舉行慶祝生日、升職諸如此類的活動，就更須列席，因為多兩分人情熱誠，就減少兩分別人對你的介心，牢記：笑口常開。

5.**慷慨**：既然參與就一定要做得徹底，所以舉凡同事生日或宴客或送蛋糕或買禮物，都要不惜成本。當然，對於普通上班族來說，這些開支或許已佔去薪水的一半。但是，你必須牢記，這一半換來的利益將可能難以估量，建立良好人際關係是有百利而無一害的。

相信你現在已掌握了不少建立人際關係的竅門，只要能做到以上幾點，即使不能助你平步青雲，最少也可保地位，不致被人隔離或排斥，慢慢便可鞏固你在公司內的勢力，憑藉同事的支持，你必然能活得更好。

既然上班族並非由一群志同道合的人組成，那麼，在各懷鬼胎的辦公室內又怎會沒有事情發生呢！所以，你實在不必為公司內有不喜歡你的人而感到難過，當務之急是如何對付你不喜歡的人。自己主動，總比被人先下手為佳。

除非你根本不想成為優秀上班族，否則，在今後漫長生涯中，你必然會察覺到公司內有部分甚至所有人不喜歡你、中傷你和排斥你。為了維持自己存在價值和尊嚴，就要懂得先下手為強之理，把你眼中釘全部拔去，就必能安然度過。

要是你心有不忍，或者以下三個假設可以減低你一些內疚和憂慮：

1.世上總有一些人是永遠無法瞭解我的。

2.世上總有一些人是不懂得欣賞我的。

3.世上總有一些人與我話不投機。

只要你明白又承認以上三個事實，就會較為心安理得，不再愚蠢到期望自己能與世無爭。反之，要不討任何人厭以及不討厭任何人簡直是天方夜譚，癡人說夢，對那些本來已無好感或是完全不喜歡自己的人，乾脆勇敢迎戰吧。

不要妄自尊大

沒有人天生就比別人幸運，可以扶搖直上。處處得到上司的提拔。在辦公室裡，如果你很羨慕那些表現出眾的同事，他們升職加薪的速度比你快，深得老闆的器重，委以重任。這

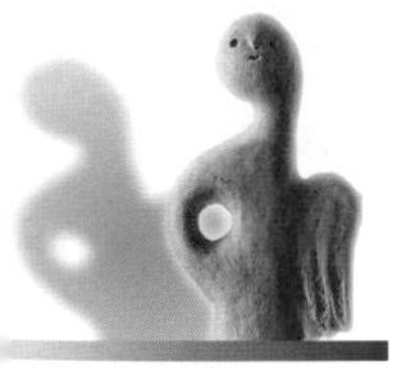

在你的身邊，存在著很多厲害的對手，他們有的人能力比你強，有的人關係比你廣。

豈止是幸運！他們懂得如何推銷自己，做自己該做的事情。能在人際關係複雜的商場中，學會生存的本領。不斷力爭上游，才有脫穎而出的一天。

你想一飛沖天，成為人中龍，須注意下列各點：

1.當一項工作交到你的手上時，或許你發覺不少疑難，也不要終日纏著上司要他給你指示，你應該嘗試以自己的方法解決問題，在重要的決定上，才詢問上司的意見。

2.當你向上司提出要求的時候，不僅把你的需要說出來，同時也要讓他重新衡量你的工作表現與能力，提醒上司重視你的價值。

3.你有什麼不滿意的地方，應該找機會向上司直接表示出來，而不是在背後批評負責人處事失當。

4.雖然公司為使工作達到更好的效果，定下不少規則，你也可以根據實際情況的需要，作出有限度的改變。

5.切勿妄自尊大，自以為很能幹，可以取代上司的位置，此舉對你日後的發展有害無益。

第八章・小辮子不能讓人抓

讓別人抓住了你的短處，對你來講，是致命的打擊，因為他可以開始隨意地整你了。所以，你要運用你的各種方法不讓別人抓住你的短處。

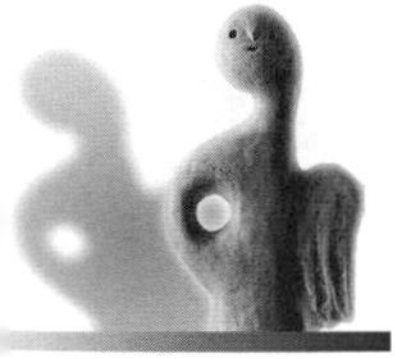

如何與各種同事相處

所謂「一樣米養百樣人」，辦公室內的人種繁多，然而，要注意的主要是以下六大型。忠肝型、埋首型、彎腰型、自卑型、野心型以及長舌型。不同的人種都會使辦公室內同事間關係轉化，甚至影響到你和上司的關係，稍有不慎，可能會成箭靶，與大好前程失之交臂，絕對馬虎不得。

以下六型有一個特點，就是從第一至第六型，其侵略性是漸次加強的，必須加以提防的是長舌型，人言可畏，眾口鑠金，慎防被冷箭所傷到頭來無立錐之地。

1.**忠肝型：**此種人多數為公司內元老級，常以上司助手、親信自居，凡事都得參與意見，加以批評，一切以上司利益為先。表面看來與同事間關係密切友善，經常一起吃喝玩樂，但往往在同事中極不討好，常是眾人談論與嘲諷的對象，此型人通常生活在空虛寂寞之中。一定要謙遜，切忌過分親熱和冷淡，最好令自己毫不起眼。若被成為拉攏角色，就必須事事順其老人家意思，即所謂順者生、逆者亡。

讓別人抓住了你的短處，對你來講，是致命的打擊，因為他可以開始隨意地整你了。

2.理首型：此種人平日營營役役，勞勞碌碌，工作認真盡責，即使成績普通不受器重，仍然努力不懈，力求進取。從心理學來說，必然其背後有一定推動力，比如在害怕失去工作的壓力下更加努力。另外，也可能是希望在努力之後能有所成就，期望能有一天，守得雲開，一飛沖天，故此也具有一定危險性。切忌鋒芒畢露，表現超卓。反之，應表現平實得宜，最好還要令他有超然之感，反過來助你教你，減低他鬱鬱不得志之遺憾。此外，還要少造就被人鑽空子之機會。如遇到防不勝防，便只有溜之大吉。

3.彎腰型：這種人看來異常謙卑恭敬，禮貌周到，且熱情友善絕不難於相處。偶爾在街上碰到亦可攀談幾句，新職員往往有如沐春風之感。可是，背後他做的事你就一概不知，即使開懷暢飲之時也難有半點口風露出。若問及對何人何事的觀感便一概不知，無話可說，到頭來你說的比他多出十倍不止。

切忌多嘴，少說為宜。千萬別把這種人當作心腹友好，將心事統統告之。否則不但惹來對方輕視，甚至可能成為別人笑柄，到時才曉得被人出賣，但實在為時已晚。

假使你的公司有以上三種人種，那麼你恐怕已學了不少處世之道，或多少經歷了一些慘痛教訓。此時，你應該開始對人事有所認識，因為以下三類就更難應付，可能是促使你另謀

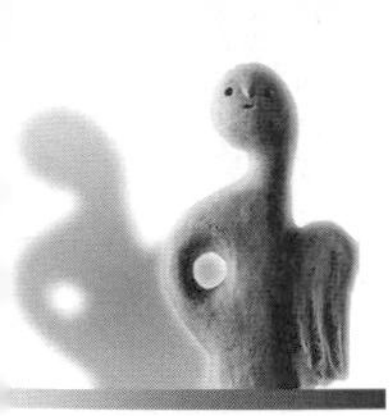

讓別人抓住了你的短處，對你來講，是致命的打擊，因為他可以開始隨意地整你了。

高就的導火線呢！

4.自卑型：此種人資質平庸，外表普通，在行為上較為猥瑣，事事不如人，有自卑及缺乏自信的傾向。他們通常對任何人的說話都是一笑置之，彷彿毫不介意，其實內心充滿仇恨，對旁人的成功尤為嫉妒，顯露出不屑和厭惡的目光。這種人通常是被眾人所遺忘的一群。切忌與此種人有正面衝突和較量，因為稍有才智的人都比他們優勝，失敗將促使他們產生仇恨之心。久而久之，你可能是他們心腹之患，眼中之刺，避之大吉。

5.野心型：前面曾經講過，優秀的上班族必須要自我期待和有成就動機，才做得比別人出色。然而，對於其他上班族來說，他就可能是最危險的對手。基於他志在成功，故對新來上班族可能持敵對態度，因為新人的威脅對他來說著實是構成很大壓力。

不過，野心型也可分為兩種，就是志不在此型和急功近利型。前者一般對後輩沒太大侵略性，反之，他們只計較自己的表現和成熟。但後者則有如箭豬，稍有敵人出現便加以防範以保存個人利益，甚至作出損人利己的事情，新來上班族可能就無故遭殃了。

一是避之則吉，逃之夭夭。不與他發生任何利害衝突，或保持遠距離接觸，令他對自己的印象淺薄。二是與他結交，期望成為戰友，一起奮鬥，也許他以為你和他志同道合，網開一面也未嘗不可。

6.長舌型：此種人身無長物，不學無術，經常以是非當人情，保持良好人際關係以留其職。一般是無大志之輩，最擅長說人家的長短，不懂尊重別人，極惹人憎厭。不幸地，由於該類平庸無能之士太多，物以類聚，往往又可能成為一個勢力團體，假使你不幸成為當中靶心，定難逃脫。

新來上班族進入這是非圈不免帶來一陣新鮮感，成為他們日常話題。你若幸運地是平庸之輩，他們就恭賀你，但假如你極為出眾，必然謠言四飛。可是積極的上班族是絕不能就此投降，應相信「活得最好是報復」，要以其人之道還治其人之身才是上上之計。又假如你不屑這樣做，便只有期待另一個目標物出現，取代你的位置了。

無論你所遇到的是何類人種，千萬不可投降，要知道你比他強得多，這世上只有弱者才被淘汰。所以你所要做的是先掌握他們的心理和習慣，隨之反守為攻，逐一擊破，勝利最後還是屬於你的。現在，你已初步認識到辦公室的組織結構，作好心理準備，繼續下來的將是個人的修養行為，只要互相配合，必能踏上成功大道。

如何避免同事的排擠

如果有一天，你發現你的同事突然一改常態，不再對你友好，事事抱著不合作的態度，處處給你出難題刁難你，出你的洋相，看你的笑話，你就得當心了。這些資訊向你傳送了一個重要信號，同事在排擠你。

被同事排擠，必然有其原因。這些原因不外乎以下幾種情況：

1. 近來連連升遷，招來同事妒忌，所以群起攻之排擠你。
2. 你剛剛進這個部門上班，你有著令人羨慕的優越條件，包括高學歷、有背景、相貌出眾，這些都有可能讓同事妒忌。
3. 決定聘請你的人是公司內人人討厭的人物，因此連你也會受牽連。
4. 奇裝異服、言談過分、愛出風頭，令同事望而卻步。
5. 過分討好主管，而疏於和同事交往。
6. 你的存在或行為妨礙了同事獲取利益，包括晉升、加薪等可以受惠的事。

讓別人抓住了你的短處，對你來講，是致命的打擊，因為他可以開始隨意地整你了。

你的情況如果是屬於一、二項，這情況也很自然，所謂「不招人妒是庸才」，能招人妒忌也不是丟面子的事。其實只要你平日對人的態度和藹親切，同事們不難發覺你是一個老實正直的人，久而久之便會樂於和你交往。另外，你可以培養自己的聊天能力，因為同事們的最大愛好之一就是聊天，通過聊天改變同事對你的態度。

你的情況如果屬於第三項，那便是你本人的不幸，只有等機會向同事表示，自己應聘主要是喜愛這份工作，與聘用你的人無關，與他更不是親戚關係。只要同事瞭解到你不是「告密者」的身份，自然會歡迎你的。

你的情況如果是屬於第四、五項，那麼你便要反省一下，因為問題是出在你自己身上，想要讓同事改變看法，只有自己做出改善。平時不要亂發表一些驚人的言論，要學會當聽眾，衣著也應適合自己的身份，既要整潔又要不招搖，過分突出的服裝不會為你帶來方便，如果你為了出風頭而身穿奇裝異服招搖過市，這會令同事們把你當成敵對的目標。

如果是屬於第六項，你要注意你做事的分寸。升職、加薪、條件改善，甚至主管一句口頭表揚，都是同事們想獲得的獎勵，正當的競爭也在所難免，雖然大家非常努力地工作，但彼此心照不宣，誰不想獲得獎勵呢？

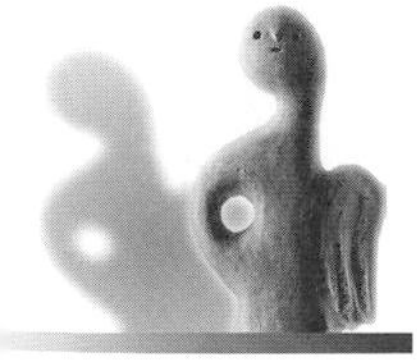

避免被同事利用

你是否有過以下的經驗？一天，一位與你共事的同事向你提出建議，不如合作幫助上司整理歷年的開會資料記錄，雖然此舉會增加工作負擔，卻不失為一個表現的好機會，可以博取升職與加薪。你對於這樣的提議表示歡迎，甘願每天加班完成額外工作，甚至沒有發出絲毫怨言，因為確信其他同事工作也同樣辛苦。可是，你怎樣也想不到，對方竟然把全部功勞據為已有，在上司面前邀功，結果他獲得上司的提拔，使你又驚又怒。

為免日後再次被對方利用，你應該怎樣應付呢？專家的意見如下：

1.常言道：害人之心不可有，防人之心不可無。如果有一位同事，建議與你一起完成額外的工作，你可以接受提議，但應當把各人所負責完成的工作部分清楚記錄下來，留待日後作為參考。

2.假如有人向你大送高帽子戴，稱讚你的工作能力如何驚人，無非想你助他完成工作，你不要被對方的甜言蜜語所騙，應當教導他如何處理工作上的難題，無須由你親自動手完成。

3.若你對於同事的行為與企圖有所懷疑，可以直接找上司談一談，避免徒勞無功。

4.同事始終是同事，他並非你最好的朋友，你應該與對方保持一段距離。

不要情緒化

以為自己可以在辦公室裡獨來獨往，把份內的工作完成，儘量避免捲入同事之間的是非圈子裡，便能明哲保身，始終有飛黃騰達的一天，這是一廂情願的想法。聰明人不會把自己孤立起來，他很明白團結就是力量的道理。身為公司成員之一，你要想辦法與各人建立良好的關係，營造和諧的氣氛，成為這個小圈子裡的一分子，彼此幫助，使工作進行得更順利，如此你才能達至自我突破，掌管自己的命運，創造金色歲月的理想。

若要真正獲得同事的尊敬與愛護，你要注意自己的表現，切勿盛氣淩人，恃寵生驕，做

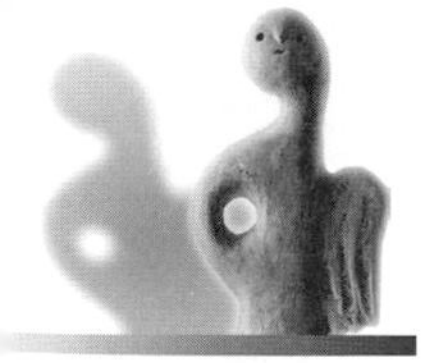

讓別人抓住了你的短處，對你來講，是致命的打擊，因為他可以開始隨意地整你了。

出令人憎厭的事情，以下所述的幾點，請好好記住。

1.要老闆對你產生深刻的印象，你要學習與每一個人融洽相處，表現出你的合群與合作精神。面對同事的時候，不要忘記你的笑容與熱誠的招呼，還有多與同事眼神接觸，在適當的時機讚美一下他們的長處。

2.假如你不得不對某位同事的工作表現予以批評，你的措詞也要十分小心，先把對方的優點說出來，令他對你產生好感後，他才會接受你的建議，還會視你是他的知己良友。

3.人人都會遇到情緒低落的時候，你要努力控制自己的脾氣，切勿把心中的悶氣發洩到同事的身上，這是自找麻煩的愚蠢行為。沒有人會願意跟一個情緒化的人相處，上司更不會對他期望過高，所以替自己樹立一個隨和而善解人意的形象，是成功的重要因素之一。

不要威脅到別人

偉勝是個很優秀的企劃人才，有一年，他考進某公司，從事企劃工作。偉勝的友人們都認為他將可一展所長，誰知不到半年便辭職了。

原因是這樣的：偉勝的公司裡有八個人，從主管到科員，除了他之外，都對所謂「企劃」外行，因為偉勝高效率高品質高創意的「企劃」對他們造成巨大的衝擊。於是他們一起對外放風聲，說偉勝是個什麼叫做「企劃」都不懂的人，於是連經理、總經理，都知道偉勝是一個「不懂企劃」的人……。

偉勝雖然可以死皮賴臉地做下去，但畢竟他是個有原則有骨氣的人，於是毅然辭去了工作！

這樣的故事並不稀奇，每個公司都會有，每個有才幹的人也都會碰上，只是輕重有別，情節不同罷了。

偉勝是無辜的，他的才幹是他的天資和努力的結果，壞只壞在他進入了一個不看才華只看人情的部門。那麼，為什麼偉勝會遭到這麼嚴苛的待遇？簡單地說，因為偉勝的才幹威脅到了他那些同事們的生存，所以他們「團結」起來，保衛自己的利益，而保衛自己利益最好的方法就是把他趕走。

也可以這樣子來比喻：一座寧靜安詳的森林，各種動物各安其所，各取所需，彼此雖有小衝突，但卻也相安無事，彼此之間構成一個穩定的生態圈。有一天，一頭猛虎闖進來，於是動物們不得不改變棲息地和覓食方式。由於猛虎的撲殺，某些動物逐日減少，於是生態圈受到破壞，並且進行改變、重組……。

在一個部門裡，經過長時間的互動，個人與個人之間，部門與部門之間，自然也會形成一個「生態圈」，彼此共生共存，共用合法或不合法、合理或不合理的利益。他們安於這種環境，不想改變，也無力去改變，誰想改變，誰就會成為「公敵」。偉勝碰到的，就是這樣的環境，而他引起的效應也是很自然而且可以預期的。

首先，偉勝的才幹會使他們相對顯得「無能」，這會使他們心裡很不是滋味。如果他的才幹沒有獲得賞識，那麼彼此就可相安無事；若獲得賞識，那麼勢必引起生態圈的震盪，切斷了他們的「食物鏈」，使得有些人喪失既得利益，甚至暴露出他們的不法行為！

偉勝的才幹，就有如闖入森林的猛虎那般！最好的方法，當然就是把偉勝趕走！當然，趕不趕得走也得看當事人的態度，以及他有沒有犯錯，但無論如何，這種對「闖入者」施予「驅逐」手段的人性是絕對存在，而且是普遍存在的！

因此，不管你的才幹如何，初到新的環境，必須要有「莫擾亂該地生態圈」的認知，除非你有力量、有把握，也願意面對這種人性現象，否則一定要謹記下列原則：

1.**放低姿態：**否則連工友都會找機會欺負你！

2.**暫隱才華：**切勿初來乍到就自以為很行，應慢慢展露才華，消除他人戒心，才不會引起抗拒！

3.**廣結善緣：**「人和」是此階段最重要的一件事，和大家打成一片，不但可獲助力，也可察知他們彼此之間的利害關係及矛盾。

總而言之，不外「客氣、謙虛、內斂」六字，切勿把自己當「猛虎」，更不可被別人把你當成「猛虎」！動物對「猛虎」無可奈何，只能跑只能躲，人對有才幹的「猛虎」是會動刀動槍的！

如何與同事相處

我們在平時的工作和人際交往中，必須練好與同事進退應對的技巧。自己該如何出牌，對方會如何應對，這可是比下圍棋、象棋更有趣的事情。

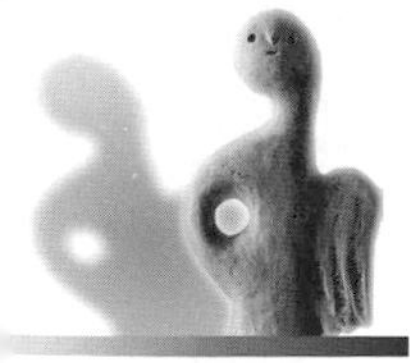

1.學會與有稜角的同事打交道：平時如果同有癖性的人交往可以鍛煉自己，使自己成為更堅強的人。有特殊癖好的人，全身上下都有稜角，剛開始與這樣的人交往可能不習慣，因為與其稜角對抗可能會傷痕累累，但絕不可因此退卻，否則便會失去鍛煉自己的寶貴機會。要學會忍耐，喜愛那些有稜角的人。這樣，不管遇到多麼尖的稜角，也不會感到痛苦，甚至會覺得那是一種快感，這樣，你就會協調好同這種人的關係，有限的人生也能獲得最大的愉悅。長期與有怪癖的人交往，對方的稜角會融入你的體內，並滲入血液，由於體內吸收了異己的分子，則能感覺到自己變成了一個更有深度的人。在生活中，要與形形色色的各種人物打交道，不要因對方是自己不喜歡的人，就厭惡他。不妨學習與這種人適當交往的辦法，這樣，自己會漸漸成長為有度量的人，而能在工作中嶄露頭角。

2.同事間不可隨便交心：下班後與同事一起喝杯酒，聊聊天，不但有助於日常工作，還可能知道其他一些有關的消息。因此，部門舉辦的各種聚會，自然要參加，但有一點要記住，切不可隨便交心。因為同事之間只有在大家放棄了相互競爭，或明知競爭也無用的情況下，才會有友誼的存在。如果交出真心，動了真感情，只會自尋煩惱。如，甲和乙是同事，而且是好朋友，只有一個升官的機會。如甲升了官，乙沒有升，乙怎樣想呢？

乙如果繼續與甲友好，免不了會被人認為趨炎附勢；甲主動對乙友好，也會很不自然。

3.不要替別人揹黑鍋：無論是公司還是行政單位，做事好壞對錯，很多時候是由上級主觀決定。如果主管自我意識強，下屬多少都要努力工作。但有一些主管只是為向他的上司交功課而已，敷衍了事，一切如常，就不會勾起上司的雷霆之怒。但一有差錯，主管為了向他的上級交代，就會抓住一個人做替罪羊，這種情況，俗話叫「揹黑鍋」。不想揹黑鍋的方法其實很簡單。最簡單的就是不冒險，不馬虎，事事有根據，白紙黑字，即使錯了也有充分的理由解釋。另一方面，一件事的對錯，是否應該追究，如何處罰，都是由上司來決定。大事化小或小題大作，都在有些主管的一念之間。因此，在這種情況下，人緣好，特別是與主管的關係不錯，就會較少獲罪。這在「怎樣協調與上級的人際關係」一篇中已經講到。

4.同事之間最好避免金錢來往：人們經常說「如果你想破壞友誼，只要借錢給對方就行了」。金錢借來借去一定會發生問題。如，「老五，你能不能借一萬元給我，我現在正好有急事，可是手頭沒錢！」像這樣的連續三次找人借錢，就算你手頭真緊，別人恐怕也不敢借給你了。遇到大家一起分攤費用時也是一樣的，只要你連續三次說：「今天沒帶錢

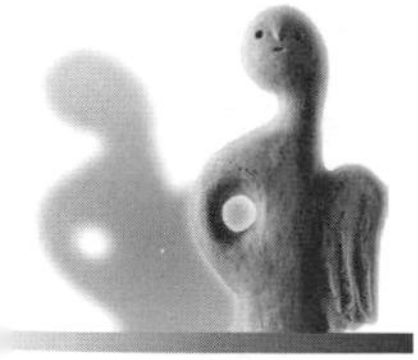

讓別人抓住了你的短處，對你來講，是致命的打擊，因為他可以開始隨意地整你了。

來！」大家以後一定不會再相信你了。有的人存在一種壞習慣，向別人借來的錢很容易忘掉，借給別人的錢，經常記得牢牢的。因此，有關錢的問題，要切記以下五點：

(1)在社會上工作，必須在身邊多帶些錢。

(2)儘量避免借錢給別人。

(3)借出的錢最好不要記住，借來的錢千萬不要忘記。

(4)假如身邊用錢不方便時，不要參與分攤錢的事。

(5)養成計畫使用錢的習慣。

5.不要在同事面前批評主管：有的人在白天工作時受到主管沒有道理的一頓批評後，喜歡晚上約同事小喝一杯，然後對著同事發牢騷，認為同事既然和自己喝酒了，應該站在自己的這一方，藉著酒氣，對主管大肆抱怨起來。類似這種事情一定要避免。薪水階層的社會是一個競爭的社會。不論多麼值得信賴的同事，當工作與友情無法、兼顧的時候，朋友也會變成敵人。在同事面前批評主管，無疑是自己給別人留下把柄，有一天身受其害都不明白是怎麼回事。就算這位同事和自己肝膽相照，不會做出賣自己的事情，但得小心「隔牆有耳」。所以，當你要向同事吐苦水時，不妨先探探對方的口氣，看他是否同意自己的看法，這是在社會上協調人際關係不可缺少的條件。

6.運用「以退為進」、「後來居上」戰術：雖然管理的職位愈來愈少，但如果你想擔任管理職位的心情很迫切，就會引起相反的效果。若同事比自己較早地升任主管，你就嫉恨的話，那麼，主管的職位就會離你更遠了。人在焦躁或嫉恨時，心裡就會失去平衡，並產生異常的心理。心態異常的人，是很容易失去機會的。當你的同事比你搶先出頭時，你不要著急，也不要妒忌，而是應該盡全力工作，周圍的人都會看在眼裡。這就是一種以退為進的辦法。大多數人體會到，個人的沉浮榮辱，完全由上司的看法和周圍的狀況決定，所以管理者必須懂得以退為進的辦法。如果同事升遷你就表示不滿，他人的薪水比你高你就眼紅的話，估計你是沒有出人頭地的希望了，管理者若不瞭解「以退為進」、「後來居上」的戰術，必定無法獲得勝利。

7.瞭解部門內的人際關係及派系：機構越大，人際關係也愈複雜。在小部門，彼此的關係怎樣可以一目了然，而在大部門，彼此的利害關係就複雜了，容易產生一些「派系」。高階管理者都希望能得到下屬的支持，而且擁護者是越多越好。因此新來的人員不得不被捲進這場派系鬥爭中去。無論是看法和自己一致的下屬，還是對自己唯唯諾諾的下屬，高階管理者都想把他們納入自己的旗下。可是對做下屬的人而言，如何跟對人，是很費神的一件

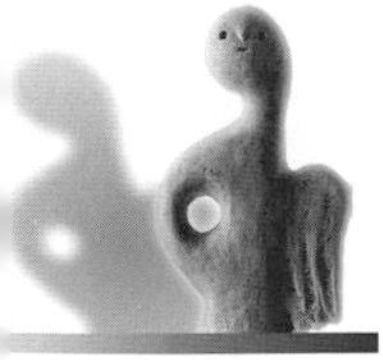

事，哪個主管是真正看中自己的才華，哪個主管能使自己的才華得以發揮，新到一個部門的人要睜大眼睛，小心觀察。要做到這點，必須瞭解部門內部的人際關係。一方面可以透過部門組織的旅遊或聚餐等活動，與其他人共處的場合中，看看上司對自己的態度如何，就可窺知一二了；另一方面利用同事間的消息傳達，也是一個不錯的方法。你要注意，得到這些資訊後，並不是要你不擇手段地打入某個團體、派系中，那只是小人的作風。我們只要冷眼旁觀，不被捲入不良團體中就可以了，保持中立是絕佳法則。

同事之間不易相處

在協調人際關係過程中，同事之間是最難相處的，原因有以下幾方面：

1.**同事間有著競爭的利害關係：**在一些部門和企業裡，為了追求工作成績，希望贏得上司的好感，獲得晉升，以及其他種種利害衝突，使同事間存在著一種競爭關係。這種競爭在很大程度上摻雜了個人感情、好惡、與主管的關係等等複雜因素。表面上大家同心同德，和和氣氣，內心裡卻可能各打各的算盤。利害關係導致同事之間也可能同舟共濟，也可能各想各的心事，因此關係難免緊張。

2.同事之間紛爭多：既是同事關係，免不了天天在一起工作，低頭不見抬頭見，彼此之間會有各種各樣雞毛蒜皮的事情發生。每個人的性格、脾氣個性、優點和缺點也暴露得比較明顯。尤其是每個人行為上的缺點和性格上的弱點暴露得多了，會引發各種各樣的瓜葛、衝突。這種瓜葛和衝突有些是表現出來的，有些是潛伏的，種種的不愉快交織在一起，便會引發各種矛盾。同事之間，儘管彼此年齡資歷會有所不同，但因沒有距離感，因此產生不了敬長之心。互相之間你瞧不起我，我看不起你，彼此半斤八兩的意識時常產生，必然使每個人放大對方的缺點和弱點，日積月累，便成了對立之勢。

3.同事之間互相瞧不起：同事之間要在一起共同分工處理一些事情，這些事情應該怎麼辦每個人都會有一些自己的想法。合適與否，對部門的發展，對每個人的利益會有什麼影響，每個人都有自己的一本帳，自己的一篇經。別人的見解和處理方法，人們會拿來與自己的作一比較，一旦認為別人的水準不如自己，處理問題的能力不如自己，就會很不服氣。

4.同事之間最易存戒心：不知道什麼緣故，人們往往對同事存有戒備心。「逢人只說三分

話，切莫全拋一片心」的戒條在同事關係上能得到淋漓盡致的表現。大家都戴上面具去對待自己的同事，而不是以誠相待，使得同事之間往往套話、假話連篇，而真話卻很少。人們往往在同事面前擺出一副虛假的面孔，掩蓋自己的各種弱點，掩蓋自己真實的東西。

同事之間不利的語言因素

1. **衝突：**由於每個人在性格、志趣、愛好、習慣和工作作風的不同，交往時難免會有矛盾發生，在言談話語中發生或明或暗、或強或弱的衝撞。同事之間的語言衝突，一般有三種情況：

(1) **高壓衝突：**多發生在資格老、自恃後臺硬、能力強的同事身上，他們對資歷淺、無根基者，不能平等相待，而是居高臨下，在態度、語言等方面不讓對方。

(2) **挑釁式衝突：**多發生在有成見、甚至有私怨的同事之間。他們為報「一箭之仇」，或主動

讓別人抓住了你的短處，對你來講，是致命的打擊，因為他可以開始隨意地整你了。

進攻，或借機發難。

(3)暗喻式衝突：多在老謀深算的同事中出現。他們往往通過暗示、比喻的語言形式，表達自己的意見和不滿。總括來說，無論什麼形式的語言衝突，都是無益改善人際關係的。

同事之間如何避免語言衝突呢？首先要加強自身的修養，學會理解人，尊重人，平等待人，不可盛氣淩人，以勢壓人。其次，在發生語言衝突時，要保持頭腦冷靜，善於克制自己，要知道，必要的忍耐和退讓不一定是軟弱的表現，而是有教養、有風度的標誌。再次，發生語言衝突後，要用正確的態度來處理，如心平氣和地談心、交換意見、通融感情等。對於一些無意的語言衝突，更不要耿耿於懷，懷恨在心。

2.誤解：同事中，由於語言表達的不同，或未能全面理解對方的意願，或動機與效果發生衝突，雙方就會產生誤解。若不及時根除誤解，就會破壞正常的人際關係。心理上的相容，情緒上的穩定和諧是構成良好語言氣氛的基礎。同事之間意見有分歧時，應及時進行交流和溝通，以融合情感、增加諒解。誤解的產生可能在不知不覺中。情緒在每個人的工作和交往中起著不可忽視的作用。多數的分歧和誤解常在情緒不好的情況下發生。因此，在談問題、交換看法時，要講時間、看情緒。每個人都有自己獨特的工作和生活習慣特點，如果不瞭解這些，就會引起不必要的誤解。誤解也可能發生在談話方式和場合不適的情況下。這時候，談話要注意把握分寸，不要咄咄逼人，這會給人造成心理上的壓力和反感。

同事之間為了避免產生誤解，在語言交談中，應注意以下幾點：

(1)講話要慎重，尤其是嚴肅的事情，或是鄭重的場合，語言表達要審慎周密，不能出現漏洞。

(2)對同事的講話要全面、客觀地理解，不能抓住細枝末節不放，曲解人意。

(3)有話講在明處，不在背後議論。背後言論的話傳來傳去往往變形，容易引起誤會。

(4)把動機和結果統一起來。不能因結果不盡如人意，就懷疑別人居心不良，耿耿於懷。現實中我們常聽到「好心沒有好報」的話，就是這個原因。

3.偏見：同事之間如果不能很好地溝通思想，就會產生誤解和偏見。產生偏見的原因大概有以下幾種情況：

(1)以有限的或是不準確的資訊來源為基礎。比如，有的管理者愛聽小彙報、小道消息，而不去調查研究，只憑主觀臆斷分析、推理、下結論，結果只能是產生偏見。

(2)囿於模式化的思維方式。無論對人還是事，把形成的印象固定化、模式化，然後再去套用，這樣，很容易形成偏見。

(3)在思想上存在片面性，不能用辯證的方法看問題，愛走極端。對任何事情要麼全面肯定，要麼全面否定，不知道具體事情具體分析。

(4)個人品質方面的因素。有的人存有某種個人目的，愛搬弄是非，使一些輕信流言的人上當，這樣也會產生偏見。

要對偏見引起足夠的重視。在現實的工作和生活中要避免產生偏見，做到：

(1)注意調查研究，掌握正確的、全面的資訊資料。

(2)胸懷坦蕩，光明正大，表裡如一，言行一致，有問題擺在桌面上，不要輕信流言蜚語。

(3)有誤解要及時消除，防止時間長了誤解加深形成偏見。

同事嫉妒你怎麼辦？

同事有時是工作的夥伴，但有時又是事業的對手，雖然這種說法未免有點矛盾，然而卻是不可爭辯的事實。你應該有明確的認識：「同事就是同時急取一件東西的一群人」。如此你就知道所謂的工作夥伴，就是想在一場競爭中超越你的對手。有了這種認識，你就知道想獲得同事的支持，其實是很困難的，但是你必須努力一試。因為，只要你能實現你晉升願望，那些同事不得不服從於你。

從邏輯上來解釋，你的晉升等於否定了他們的能力。所以，同事覺得不愉快是理所當然的。另外，就情緒上來說，就像孩子們會嫉妒受到優遇的兄弟姊妹般，同事們也會嫉妒你的「幸運」。然而如果你一向很樂意幫助別人，經常滿足同事們的需求，掌握住他們的心，那麼，他們就會丟開成見，全心全意地支持你。

只要你繼續給予同事們適當的幫助，好好滿足他們的緊急需求，他們就不敢對你反咬一口。因此，無論多忙、多累，千萬不可鬆懈這方面的努力。

下屬批評你怎麼辦？

任何人都難免會犯錯誤，上帝也有犯錯誤的時候。作為管理者有時也會受到別人的批評，甚至是下屬的批評。面對批評，管理者以一種怎樣的態度去對待，這體現著管理者的風格和素質。對此問題的處理得當與否會影響到你與下屬的關係和自己以後的工作運行。

1.不要猜測對方批評的目的：管理者在接受批評時，不應該妄加猜測對方批評的目的。如果對方有理有據，對方的批評就應該是正確的。管理者應該將注意力放在對方批評的內容上，而不要去懷疑對方批評的目的。如果管理者讓對方體察到了這些情緒，對方可能不再會對管理者進行批評。久而久之，管理者的身邊就只有那些唯唯諾諾的下屬了，當管理者出現問題時，也不會有人站出來提醒你。這種結果往往是很悲慘的。

2.不要急於表達自己的反對意見：有些管理者的性情比較暴躁，或者不太喜歡聽別人的意見。如果有人向他們提出批評，他們的第一個反應就是去反駁。當下反駁並不能使問題得到解決，相反的，可能還會使矛盾激化。當對方提出批評意見時，管理者應該認真地傾聽，即便有些觀點自己並不贊同，也應該讓批評者講完自己的道理。另外，管理者應該很坦誠地面對批評者，表現出很願意接受批評者的態度。

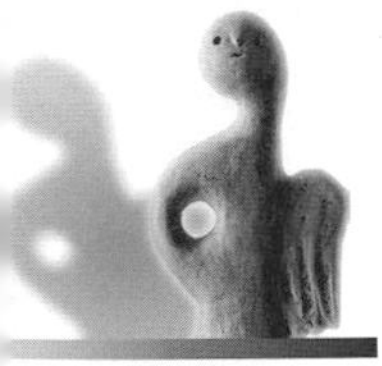

讓別人抓住了你的短處，對你來講，是致命的打擊，因為他可以開始隨意地整你了。

3.讓對方說明批評的理由：有些人在進行批評時，喜歡將自己的意見概括起來，雖然說了一大堆，但很難讓人明白他具體在批評什麼。如果碰見這樣的批評者，管理者應該客氣的讓他講明批評的理由，最好能講出具體的事件。這樣做可以使管理者更加清楚地明白自己在哪些方面還存在問題和不足。另外，還可以讓無中生有的批評者知難而退。

4.承認批評的可能性，但不下結論：有時管理者對批評者所批評的事情可能還不是很瞭解，在這種情況下，不論承認錯誤，還是不承認錯誤都會使自己被動。最穩妥的辦法是承認批評者的批評有一定的可能性和合理性，並且表示對批評者的觀點能夠理解。但不應該就批評本身下結論。在此之後，管理者應該認真瞭解事情的當時情況，並進行認真地分析。最終對批評者的批評做出客觀的評價。

下屬和你有矛盾怎麼辦？

上司與下屬的矛盾一般不是一下子就產生的，往往有一個由潛到顯的轉變過程，而且與特定的時空條件、事件性質有密切關係。所以，必須及時掌握各方面情況，發現矛盾，根據具體的人和事，採取適當的方法來處理。具體做法有以下幾種：

1.雙方溝通：與下屬衝突的原因之一，可能是彼此溝通的不及時、不主動。作為上司，處於主動地位，不管當時發生的事情誰對誰錯，都應抓緊時間當面溝通，把事實說清楚，如能馬上消除誤會最好，如果不能，也可以摸清情況、慢慢化解。溝通的方法各種各樣，有直接的、間接的、單獨的、集體的、正式的、非正式的等等，應根據具體情況來確定。

2.洩「洪」排「沙」：與下屬的衝突可能起因於下屬的某種怨氣怨言。所以，你應採取一定的方式讓下屬發洩，即使在發洩的過程中有過火的時候，也要讓他把話講完，然後再選擇適當的時機和方式幫助他分清是非對錯，並加以批評和引導。大多數下屬在發洩過後就會恢復常態，因為這樣的下屬是在把上司當做主心骨，尋求一種依靠和支持，並沒有什麼惡意。

3.轉移昇華：轉移，就是當下屬情緒激動、任何勸說都無濟於事、衝突不可避免時，應力爭轉移下屬的注意力或迴避實質問題，減輕矛盾程度。昇華，是在對下屬的某些（可能是正

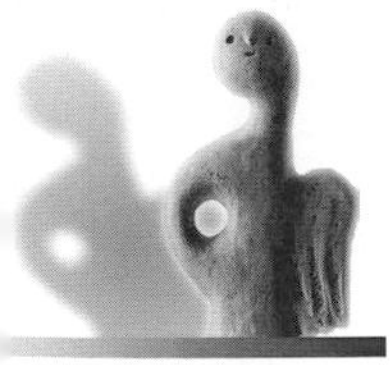

當合理的）要求不能立刻滿足的情況下，透過強有力的說服工作，使其認識到由於條件所限，目前難以實現，應用一個新的、有現實價值、經過努力可以實現的目標來代替。這實際上也是一種轉移。這種方法可以減輕下屬的心理痛苦，弱化甚至化解矛盾。

具體做法不僅限於以上幾個方面，有時也可以採用「冷處理」的辦法，就是在矛盾不嚴重的情況下，可以佯裝不知，保持沉默。下屬對上司產生不滿情緒後，發現上司仍一如既往，胸襟坦誠，會從心裡由衷的佩服，矛盾不攻自解。需要說明的是，不論採取上述哪一種做法，都有一個前提，就是要真正做到心底無私，在關鍵時刻善於自我控制。

如何堵住下屬的嘴

「人活一張臉，樹活一張皮。」現實生活中，我們總是竭力掩飾自身的種種缺陷與弱點，以顧全顏面，尤其是管理者，更想儘量使自己在下屬面前樹立起一個完美的形象。但事實上，恰當地運用「弱點暴露」效應，會增加下屬對你的好感，使管理者更好地協調與下屬的關係。

1.欲揚先抑：對自身的一些弱點，不為人所知當然好，但有些事情往往不可能永遠都不為人所知。這時，你若主動暴露給自己的下屬，不僅不會引起他的鄙視，反而會感到你的謙虛和對他的信任。結果必然是一方面千方百計幫你打「埋伏」；另一方面鼎力為你彌補「弱項」，使你胸有成竹地應付各種場合。

2.欲取先給：真正瞭解自己的下屬，是有效地調動他們的積極性、主動性和創造力的必要前提。因此，適當地向他們透露一點自己曾經有過的挫折、失誤和弱點；往往會成為打開他們心靈之窗的鑰匙，也許他們因此而加倍地向你敞開思想或情感的大門。

3.欲擒先縱：對一些已眾所周知的自己的弱點，改又改不了，這時一般不須去迴避、遮掩，反而應該讓他亮亮相，曝曝光，下屬反而覺得你為人坦誠，進而對你的弱點會表示諒解。曾經有位經理，管理經營有方，公正廉潔，就是性格急躁，容易發火。無論男女老少，「碰」到他都免不了被不顧情面地一頓猛「批」。為此，上下屬關係非常緊張。一次開大會，他很動感情地對大家說：「我這人，從小就是『牛』脾氣，發作起來老給人難堪。下決心改了十幾年，還是沒改掉。今後我再『牛』氣，你們大力頂，誰幫我頂掉『牛』氣，我用全年獎金重謝他。」從那以後，既沒人和他頂，也沒人把他的「牛」脾氣往心裡去，業績搞得蒸蒸日上。

4.欲否先肯：對自己的下屬，要促其改正他的缺點、弱點，但又擔心他頂撞自己，或者擔心為其指出後有可能加重他的心理負擔，這時，有分寸地暴露自己的一些弱點，或者對下屬說自己過去也有類似的弱點等，既可以緩和上下級的關係，又可以解開下屬的思想疙瘩，達到自己的預期目的。如，小張是部門裡有名的「金剛」。常遲到早退，誰說他，他就跟誰翻臉。新來的科長找到他說：「你這小子要是在前幾年，還真是我的好搭檔呢！那幾年我就是你現在這個樣子，差點丟掉飯碗。別再像我呵，小夥子，再不改，『師傅』可對你不客氣啦！」幽默而果斷，軟中帶硬，後來這「小子」還真服了他。

5.欲攻先退：有的下屬，為了達到他們的目的。總是抓住你的一些非原則性問題，非議你，要脅你。這時，如果你躲閃，迴避自身的弱點，往往會使其得寸進尺。其實，要對付他們，何不來個先退再進。如，年輕的經理一時疏忽，簽字買進一批滯銷布匹，小馬因曠工被扣過工資，於是趁機在職員中煽動，這位經理毫不掩飾，在下屬面前明確表示：自己確實簽字買進了滯銷布，但已經決定通過加工新款服裝解決庫存，並主動要求扣掉半年獎金，如半年內滯銷品不能完全處理，就抵進全年的工資和獎金。這樣一來，不但沒有影響管理者的形象，反而使員工覺得他敢於負責，不怕揭短，以身作則，治廠有方。

讓別人抓住了你的短處，對你來講，是致命的打擊，因為他可以開始隨意地整你了。

值得你警惕的人物

1.**口是心非的人：**這種人這樣做是因為他知道你喜歡聽這樣的話，但是，卻不能信守諾言。如，他說幫助你介紹一個客戶，當你做好準備要和客戶見面時，他卻想方設法找個藉口推掉了。初遇這種人時難免要上當，第二次再上當就不應該了。

2.**事事同意的人：**這種人對任何建議都給予鼓勵，因為他不想壓制別人的創造性。他們最喜歡說的話就是「我同意」，「可以這樣做」。遺憾的是，他們說完了就沒有下文了。他們對任何建議一視同仁地給予贊成，所以也就毫無意義了。按照他的話去辦，實質上是浪費你的時間。因為，有些計畫成功與否，對他們無關緊要，對你來說卻是至關重要。

3.**無事不通的人：**這種人是所謂的活字典，世上萬物無所不知，無所不曉。對他們來說，沒有他們不知道的事。他們自認為有電腦一樣的腦子，有冠軍的信心，蝸牛的直覺。可是他們發表的意見往往是斷章取義或道聽塗說的，往往會將你引上歧途。

4.**僵化人格的人：**這種人極易受上司的賞識。他們長時間加班加點地工作，在每個細節上大做文章，對自己的要求也訂得很高。當然，他也不太難為自己，因為他們所關心的只是無關緊要的細節。不管他們是在數迴紋針，還是在計算自己一天中工作了多長時間，他們都

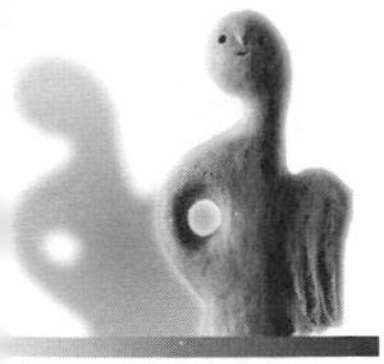

非常緊張地撐著船，哪怕自己完全不知道這只船應去的方向。

5.多嘴多舌的人：這些人愛管閒事，整天囉嗦不停。他們說：「我能保守秘密」，其實是根本不可能的。與這種人交往的好處是，每當他們從你這得到一點消息，他們就覺得有義務告訴你一點有關別人的秘密。但是，他們既然能向你公開秘密，那麼他們也會與別人談論你。

6.佯裝無能的人：這些人表現得不會用電腦、影印機等，自然要請別人幫忙，使整個工作速度變慢。他們無法應付一件小事。只好求助於你。一切正常時，必然會有他們在場，需要擔負責任時則溜之大吉。

7.真正無能的人：這種人會靠油嘴滑舌、阿諛奉承來博得某些主管的好感，當把任務真正交給他們時，卻發現這種人其實什麼都做不了。

與以上七種危險人物交往時要敬而遠之，這樣做會使你在協調同事之間人際關係時更加得心應手。

不可不知的
職場叢林法則

作　者　孫大為

發行人　林敬彬
主　編　楊安瑜
統籌編輯　蔡穎如
責任編輯　林芳如
美術編排　曾竹君
封面設計　曾竹君

出　版　大都會文化　行政院新聞局北市業字第89號
發　行　大都會文化事業有限公司
110台北市信義區基隆路一段432號4樓之9
讀者服務專線：（02）27235216
讀者服務傳真：（02）27235220
電子郵件信箱：metro@ms21.hinet.net
網　　址：www.metrobook.com.tw

郵政劃撥　14050529 大都會文化事業有限公司
出版日期　2007年3月初版一刷
定　價　199元

ISBN　978-986-6846-03-8
書　號　Growth-015

Metropolitan Culture Enterprise Co., Ltd.
4F-9, Double Hero Bldg., 432, Keelung Rd., Sec. 1,
Taipei 110, Taiwan
Tel:+886-2-2723-5216　Fax:+886-2-2723-5220
E-mail:metro@ms21.hinet.net
Web-site:www.metrobook.com.tw

國家圖書館出版品預行編目資料

不可不知的職場叢林法則. / 孫大為 著.
-- 初版. -- 臺北市：大都會文化, 2007[民96]
面； 公分. -- (Growth；15)
ISBN 978-986-6846-03-8 (平裝)
1. 人際關係
494.35　　96003303

大都會文化 圖書目錄

■度小月系列

路邊攤賺大錢【搶錢篇】	280元	路邊攤賺大錢2【奇蹟篇】	280元
路邊攤賺大錢3【致富篇】	280元	路邊攤賺大錢4【飾品配件篇】	280元
路邊攤賺大錢5【清涼美食篇】	280元	路邊攤賺大錢6【異國美食篇】	280元
路邊攤賺大錢7【元氣早餐篇】	280元	路邊攤賺大錢8【養生進補篇】	280元
路邊攤賺大錢9【加盟篇】	280元	路邊攤賺大錢10【中部搶錢篇】	280元
路邊攤賺大錢11【賺翻篇】	280元	路邊攤賺大錢12【大排長龍篇】	280元

■DIY系列

路邊攤美食DIY	220元	嚴選台灣小吃DIY	220元
路邊攤超人氣小吃DIY	220元	路邊攤紅不讓美食DIY	220元
路邊攤流行冰品DIY	220元	路邊攤排隊美食DIY	220元

■流行瘋系列

跟著偶像FUN韓假	260元	女人百分百：男人心中的最愛	180元
哈利波特魔法學院	160元	韓式愛美大作戰	240元
下一個偶像就是你	180元	芙蓉美人泡澡術	220元
Men力四射：型男教戰手冊	250元	男體使用手冊：35歲+♂保健之道	250元

■生活大師系列

遠離過敏：打造健康的居家環境	280元	這樣泡澡最健康：紓壓、排毒、瘦身三部曲	220元
兩岸用語快譯通	220元	台灣珍奇廟：發財開運祈福路	280元
魅力野溪溫泉大發見	260元	寵愛你的肌膚：從手工香皂開始	260元
舞動燭光：手工蠟燭的綺麗世界	280元	空間也需要好味道：打造天然香氛的68個妙招	260元
雞尾酒的微醺世界：調出你的私房Lounge Bar風情	250元	野外泡湯趣：魅力野溪溫泉大發見	260元
肌膚也需要放輕鬆：徜徉天然風的43項舒壓體驗	260元	辦公室也能做瑜珈：上班族的紓壓活力操	220元
別再說妳不懂車：男人不教的Know How	249元	一國兩字：兩岸用語快譯通	200元
宅典	288元		

■寵物當家系列

Smart養狗寶典	380元	Smart養貓寶典	380元
貓咪玩具魔法DIY：讓牠快樂起舞的55種方法	220元	愛犬造型魔法書：讓你的寶貝漂亮一下	260元
漂亮寶貝在你家：寵物流行精品DIY	220元	我的陽光・我的寶貝：寵物真情物語	220元

我家有隻麝香豬：養豬完全攻略	220元	SMART養狗寶典（平裝版）	250元
生肖星座招財狗	200元	SMART養貓寶典（平裝版）	250元

■人物誌系列

現代灰姑娘	199元	黛安娜傳	360元
船上的365天	360元	優雅與狂野：威廉王子	260元
走出城堡的王子	160元	殞逝的英格蘭玫瑰	260元
貝克漢與維多利亞：新皇族的真實人生	280元	幸運的孩子：布希王朝的真實故事	250元
瑪丹娜：流行天后的真實畫像	280元	紅塵歲月：三毛的生命戀歌	250元
風華再現：金庸傳	260元	俠骨柔情：古龍的今生今世	250元
她從海上來：張愛玲情愛傳奇	250元	從間諜到總統：普丁傳奇	250元
脫下斗篷的哈利：丹尼爾．雷德克里夫	220元	蛻變：章子怡的成長紀實	260元
強尼戴普：可以狂放叛逆，也可以柔情感性	280元	棋聖 吳清源	280元

■心靈特區系列

每一片刻都是重生	220元	給大腦洗個澡	220元
成功方與圓：改變一生的處世智慧	220元	轉個彎路更寬	199元
課本上學不到的33條人生經驗	149元	絕對管用的38條職場致勝法則	149元
從窮人進化到富人的29條處事智慧	149元	成長三部曲	299元
心態：成功的人就是和你不一樣	180元	當成功遇見你：迎向陽光的信心與勇氣	180元
改變，做對的事	180元	智慧沙	199元
課堂上學不到的100條人生經驗	199元	不可不防的13種人	199元
不可不知的職場叢林法則	199元		

■SUCCESS系列

七大狂銷戰略	220元	打造一整年的好業績	200元
超級記憶術：改變一生的學習方式	199元	管理的鋼盔：商戰存活與突圍的25個必勝錦囊	200元
搞什麼行銷：152個商戰關鍵報告	220元	精明人總明人明白人：態度決定你的成敗	200元
人脈=錢脈：改變一生的人際關係經營術	180元	週一清晨的領導課	160元
搶救貧窮大作戰の48條絕對法則	220元	搜驚．搜精．搜金：從Google的致富傳奇中，你學到了什麼？	199元
絕對中國製造的58個管理智慧	200元	客人在哪裡？：決定你業績倍增的關鍵細節	200元
殺出紅海：漂亮勝出的104個商戰奇謀	220元	商戰奇謀36計：現代企業生存寶典 I	180元

商戰奇謀36計：現代企業生存寶典 II	180元	商戰奇謀36計：現代企業生存寶典 III	180元
幸福家庭的理財計畫	250元	巨賈定律：商戰奇謀36計	498元
有錢真好：輕鬆理財的十種態度	200元	創意決定優勢	180元
我在華爾街的日子	220元		

都會健康館系列

秋養生：二十四節氣養生經	220元	春養生：二十四節氣養生經	220元
夏養生：二十四節氣養生經	220元	冬養生：二十四節氣養生經	220元
春夏秋冬養生套書	699元	寒天：0卡路里的健康瘦身新主張	200元
地中海纖體美人湯飲	220元		

CHOICE系列

入侵鹿耳門	280元	蒲公英與我：聽我說說畫	220元
入侵鹿耳門（新版）	199元	舊時月色（上輯＋下輯）	各180元
清塘荷韻	280元	飲食男女	200元

FORTH系列

印度流浪記：滌盡塵俗的心之旅	220元	胡同面孔：古都北京的人文旅行地圖	280元
尋訪失落的香格里拉	240元	今天不飛：空姐的私旅圖	220元
紐西蘭奇異國	200元	從古都到香格里拉	399元
馬力歐帶你瘋台灣	250元	瑪杜莎艷遇鮮境	180元

大旗藏史館

大清皇權遊戲	250元	大清后妃傳奇	250元
大清官宦沉浮	250元	大清才子命運	250元
開國大帝	220元		

大都會運動館

野外求生寶典：活命的必要裝備與技能	260元	攀岩寶典：安全攀登的入門技巧與實用裝備	260元

大都會休閒館

賭城大贏家：逢賭必勝祕訣大揭露	240元	旅遊達人：行遍天下的109個Do&Don't	250元
萬國旗之旅－輕鬆成為世界通	240元		

BEST系列

人脈＝錢脈－改變一生的人際關係經營術（典藏精裝版）	199元

FOCUS系列

中國誠信報告	250元	中國誠信的背後	250元
誠信：中國誠信報告	250元		

■禮物書系列

印象花園 梵谷	160元	印象花園 莫內	160元
印象花園 高更	160元	印象花園 竇加	160元
印象花園 雷諾瓦	160元	印象花園 大衛	160元
印象花園 畢卡索	160元	印象花園 達文西	160元
印象花園 米開朗基羅	160元	印象花園 拉斐爾	160元
印象花園 林布蘭特	160元	印象花園 米勒	160元
絮語說相思 情有獨鍾	200元		

■工商管理系列

二十一世紀新工作浪潮	200元	化危機為轉機	200元
美術工作者設計生涯轉轉彎	200元	攝影工作者快門生涯轉轉彎	200元
企劃工作者動腦生涯轉轉彎	220元	電腦工作者滑鼠生涯轉轉彎	200元
打開視窗說亮話	200元	文字工作者撰錢生活轉轉彎	220元
挑戰極限	320元	30分鐘行動管理百科(九本盒裝套書)	799元
30分鐘教你自我腦內革命	110元	30分鐘教你樹立優質形象	110元
30分鐘教你錢多事少離家近	110元	30分鐘教你創造自我價值	110元
30分鐘教你Smart解決難題	110元	30分鐘教你如何激勵部屬	110元
30分鐘教你掌握優勢談判	110元	30分鐘教你如何快速致富	110元
30分鐘教你提昇溝通技巧	110元		

■精緻生活系列

女人窺心事	120元	另類費洛蒙	180元
花落	180元		

■CITY MALL系列

別懷疑！我就是馬克大夫	200元	愛情詭話	170元
唉呀！真尷尬	200元	就是要賴在演藝圈	180元

■親子教養系列

孩童完全自救寶盒（五書＋五卡＋四卷錄影帶）	3,490元（特價2,490元）
孩童完全自救手冊：這時候你該怎麼辦（合訂本）	299元
我家小孩愛看書:Happy 學習 easy go!	220元
天才少年的5種能力	280元
哇塞！你身上有蟲！：學校忘了買、老師不敢教，史上最髒的科學書	250元

關於買書：

1. 大都會文化的圖書在全國各書店及誠品、金石堂、何嘉仁、搜主義、敦煌、紀伊國屋、諾貝爾等連鎖書店均有販售，如欲購買本公司出版品，建議你直接洽詢書店服務人員以節省您寶貴時間，如果書店已售完，請撥本公司各區經銷商服務專線洽詢。

   北部地區：(02)29007288　桃竹苗地區：(03)2128000　中彰投地區：(04)27081282
   雲嘉地區：(05)2354380　臺南地區：(06)2642655　高雄地區：(07)3730087
   屏東地區：(08)7376441

2. 到以下各網路書店購買：
   大都會文化網站（http://www.metrobook.com.tw)
   博客來網路書店（http://www.books.com.tw)
   金石堂網路書店（http://www.kingstone.com.tw)

3. 到郵局劃撥：
   戶名：大都會文化事業有限公司
   帳號：14050529

4. 親赴大都會文化買書可享8折優惠。

不可不知的

職場叢林法則

北區郵政管理局
登記證北台字第9125號
免貼郵票

大都會文化事業有限公司
讀者服務部收
110台北市基隆路一段432號4樓之9

寄回這張服務卡（免貼郵票）
您可以：
◎不定期收到最新出版訊息
◎參加各項回饋優惠活動

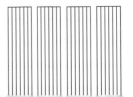

大都會文化　讀者服務卡

書號：Growth015　不可不知的職場叢林法則

謝謝您選擇了這本書！期待您的支持與建議，讓我們能有更多聯繫與互動的機會。
日後您將可不定期收到本公司的新書資訊及特惠活動訊息。

A. 您在何時購得本書：______年______月______日

B. 您在何處購得本書：__________書店（便利超商、量販店），位於　　　（市、縣）

C. 您從哪裡得知本書的消息：1.□書店 2.□報章雜誌 3.□電台活動 4.□網路資訊
5.□書籤宣傳品等 6.□親友介紹 7.□書評 8.□其他__________

D. 您購買本書的動機：（可複選）1.□對主題和內容感興趣 2.□工作需要 3.□生活需要
4.□自我進修 5.□內容為流行熱門話題 6.□其他__________

E. 您最喜歡本書的：（可複選）1.□內容題材 2.□字體大小 3.□翻譯文筆 4.□封面
5.□編排方式 6.□其他__________

F. 您認為本書的封面：1.□非常出色 2.□普通 3.□毫不起眼 4.□其他__________

G. 您認為本書的編排：1.□非常出色 2.□普通 3.□毫不起眼 4.□其他__________

H. 您通常以哪些方式購書：（可複選）1.□逛書店 2.□書展 3.□劃撥郵購 4.□團體訂購
5.□網路購書 6.□其他__________

I. 您希望我們出版哪類書籍：（可複選）1.□旅遊 2.□流行文化 3.□生活休閒
4.□美容保養 5.□散文小品 6.□科學新知 7.□藝術音樂 8.□致富理財 9.□工商管理
10.□科幻推理 11.□史哲類 12.□勵志傳記 13.□電影小說 14.□語言學習（____語）
15.□幽默諧趣 16.□其他__________

J. 您對本書（系）的建議：__________

K. 您對本出版社的建議：__________

讀者小檔案

姓名：__________　性別：□男 □女　生日：____年____月____日

年齡：□20歲以下 □20～30歲 □31～40歲 □41～50歲 □50歲以上

職業：1.□學生 2.□軍公教 3.□大眾傳播 4.□服務業 5.□金融業 6.□製造業
7.□資訊業 8.□自由業 9.□家管 10.□退休 11.□其他__________

學歷：□國小或以下 □國中 □高中／高職 □大學／大專 □研究所以上

通訊地址：__________

電話：(H)__________ (O)__________ 傳真：__________

行動電話：__________ E-Mail：__________

◎謝謝您購買本書，也歡迎您加入我們的會員，請上大都會網站
www.metrobook.com.tw 登錄您的資料，您將不定期收到最新圖書優惠資訊及電子報。